发明传奇

THE LEGEND OF INVENTION

刘仁庆 著

山西出版传媒集团 山西

图书在版编目（ＣＩＰ）数据

发明传奇／刘仁庆著. —太原：山西教育出版社，
2020.1（2022.6重印）
ISBN 978-7-5703-0564-3

Ⅰ.①发… Ⅱ.①刘… Ⅲ.①创造发明—世界—青少
年读物 Ⅳ.①N19-49

中国版本图书馆 CIP 数据核字（2019）第 180948 号

发明传奇
FAMING CHUANQI

责任编辑	彭琼梅	
复　审	李梦燕	
终　审	冉红平	
装帧设计	宋　蓓	
印装监制	蔡　洁	

出版发行 山西出版传媒集团·山西教育出版社
（太原市水西门街馒头巷7号　电话：0351-4729801　邮编：030002）
印　装 北京一鑫印务有限责任公司
开　本 890 mm×1240 mm　1/32
印　张 10
字　数 288 千字
版　次 2020 年 1 月第 2 版　2022 年 6 月第 4 次印刷
印　数 19 001—22 000 册
书　号 ISBN 978-7-5703-0564-3
定　价 48.00 元

如发现印装质量问题，影响阅读，请与印刷厂联系调换。电话：010-61424266

自　序

◇ ·····················

　　读者朋友，当你拿到本书的时候，映入眼帘的是封面上《发明传奇》四个大字。可是，什么是发明？发明在哪里？怎么搞发明？这或许是大家脑海里首先冒出来的几个问题。其实，发明并不神秘，发明就在我们的身边，发明钟情于天下的勤奋者和有心人。

　　我国的国家专利法明文规定："专利法所称发明，是指对产品、方法或者其改进所提出的新的技术方案。"换句话说，所谓发明——必须具备三个基本条件，即新颖性、创造性和实用性，那就是不论是产品还是方法，即在此以前从来没有出现过的；再就是跟同类的东西相比，有进步有新作用的。

　　当然，这里所说的发明，多指的是科学技术方面的发明。它是人类利用自己的智慧，去创造为社会谋福祉的新手段和新成果，而这些新东西是自然界原本没有的。由此可知，应该把发明与发现区分开来，它们两个是不能混为一谈的。再补充一句，发现是指对自然界进行研究后找到的某一事物或规律。发明和发现都不会突然从天上掉下来，它们具有继承性，无一不是在前人经验、成果积累的基础上所得到的新发展。因此，要努力提高学习的积极性和自觉性，汲取更多、更好的知识，为打开科学发明之门做好准备。

青少年时代正是人生中充满激情、充满阳光、充满好奇、充满幻想的日子，也是青春发育、智力发展的黄金时期。机会、观察和玩耍是许多发明的基础。趁着我们精力旺盛、思维活跃之时，一定要多多读书、锻炼身体、抓紧时间、学玩兼顾，以坚韧顽强、再接再厉、不骄不躁的精神勇往直前。那么，发明就会随时随地迎你而来，祝你成功。

古今中外的创造发明多如牛毛，不可胜数。现在，本人打算从日常生活出发，紧扣许多人们平时熟悉的、容易理解的和有趣的发明，按照吃、穿、用、住、玩的次序，以第一人称的口气，用讲故事的方式，再配以浅显文字和生动插图来进行介绍（挂一漏万，敬希原谅），目的是从丰富生活知识、解析疑惑问题和提示科学原理等方面提供点滴帮助，并力图在叙述某些发明过程和相关科学知识的同时，适当加入一点发明的科学思路和科学方法，借以使读者获得一些思索、回味的空间。

笔者真诚地希望通过本书的这些文字和图画，能够帮助大家扩展思路、冲破惰性，强化好奇心和想象力，不断增长自己的学识、才干和创新意识。要知道，作为一个未来的发明家，不仅要有正确的思维方式，而且要有不怕困难、开拓进取的意志，同时还要有善于经营、了解市场的观念。总之，应该具有充实、灵活和全面的头脑。这样，前景当然是会无限光明的。

刘仁庆　谨白

目 录

2

四 住之趣
（住，让身心能够活动的地方）

一 吃之味

吃，塞进嘴巴的习惯动作

Faming Chuanqi

01 白沸汤中滚"雪花"——豆腐

◇ ……………

　　记得有位作家曾经这样称赞道：豆腐，乃吾国餐桌上常见的、国人爱吃且吃不厌的一种副食品也。明代诗人苏平写的《豆腐诗》中说："传得淮南术最佳，皮肤退尽见精华。一轮磨上流琼液，白沸汤中滚雪花。"中国共产党早期的主要领导人之一、卓越的革命家瞿秋白在《多余的话》一文的结尾写道："中国的豆腐也是很好吃的东西，世界第一，永别了！"从这些事例来看，豆腐与我们的关系是多么亲近，又是多么耐人寻味啊！

　　看华夏历史，从古到今，豆腐一直扮演着平民化价格、贵族化享受的盘中风味，它是中国人民最熟悉的食物之一。几乎人人都品尝过豆腐，你可能也十分喜欢吃豆腐。可是，豆腐是谁发明的？是怎样做出来的？它有什么营养价值？你可能还不十分清楚。那么，且听我慢慢道来。

豆腐的源起之说

　　豆腐在古代被称为"福黎"，意思是早晨"天赐"下来的食物。南宋诗人陆游的《剑南诗稿》称豆腐为"黎祁"，在《邻曲》一篇中自注云："黎祁，蜀人以名豆腐。"因腐字本有"腐烂、腐朽或腐败"之意，故古人尽可能将"腐"字回避，似嫌豆腐之名不雅。随着时间的流逝，豆腐之名亦有多次的更换，曾称为"来其""甘旨""无骨肉"等；又因古语称大豆为"菽"，豆腐还有过"菽乳""戎菽""小宰羊"等多个别名。

至于豆腐的起源，有好几个不同的说法，但流传最广的是，豆腐由西汉高祖刘邦的孙子刘安发明。公元前164年，刘安被封为淮南王，建都于寿春（今安徽省六安市寿县）。他最杰出的贡献是组织编著了《淮南子》一书，此书诡谲渊博、包罗万象，是对汉朝初期数十年社会政治思想和科技实践的总结。刘安门下有食客、方士数千人，其中以苏非、李尚等八位最有学问，深得刘安的赏识，被称为"八公"，用现在的话说是"八大金刚"。

淮南王怎么会发明豆腐呢？原来秦汉以来，时兴炼金丹、"黄老之术"、炼制长生不老药。炼金丹说得通俗一点，类似于现在的化学实验。刘安在"八公"等人的帮助下，迷于朝夕修炼。有一次，刘安的母亲卧病在床，几日少餐，没有胃口。他素知母亲喜好食用黄豆，怕黄豆粒硬有碍食用，便命人将黄豆磨成粉，加水熬成汤，以便让母亲饮用；又怕食之无味，本想加点盐来调味，没想到抓错了，把石膏当盐放入了汤中，豆乳居然凝结成块，这就是最初的豆腐。

很难想象刘安与"八大金刚"第一次面对豆腐时的表情：是害怕还是惊喜？其中肯定有一位"不怕死"的食客说："我先来尝一尝!"随后便喊出了"此乃天下之美味也"。由于刘安是位炼丹家，因此当豆腐雏形产生后，他便与方士们共同商量，而后又经过多次试验之后，终于发现盐卤或石膏可使豆乳凝固成豆腐，用以烹煮，十分可口。从此豆腐也就在民间开始流传，豆腐的发明权便记录在淮南王刘安的名下了。

据报道，1959年到1960年间，在河南省密县打虎亭曾发掘了两座汉墓。在一号汉墓中发掘出大面积的画像石，石上有豆腐坊石刻。这是一幅把豆类进行加工、制成食品的生产图像，考古专家认为，此石刻画可以证明，中国豆腐的制作不会晚于东汉末期，这为汉代已开始生产豆腐提供了充分的证据。

豆腐的制作过程

提起做豆腐，那还真是简单又简单的事。只要有两件东西就行：一是原料黄豆（粒圆饱满者佳）；二是工具石磨（大小磨皆可）。具体做法是：先把黄豆浸泡在水里，等到泡涨变软后，加水在石磨盘里磨成豆浆，再滤去豆渣，煮开。这时候，黄豆里的蛋白质团粒被水簇拥着不停地运动，仿佛在豆浆桶里跳起了集体舞，形成了"胶体"溶液。要使这种胶体溶液变成固态的豆腐，就必须"点卤"。点卤可以用盐卤，或者用石膏。盐卤主要成分是氯化镁，石膏则是硫酸钙（两种都是无机化合物）。它们能使分散的蛋白质团粒很快地聚集到一块，便成了白花花的豆腐脑。再挤出水分，豆腐脑就变成了豆腐。

泡豆　　磨浆　　煮浆　　点兑

滤渣　　　　　　　成型

做豆腐

在一些地方，哪怕是乡间的小巷子里也设有豆腐坊。而在城市里却建有生产豆腐的加工流水线，蔚为大观。

现在，我们再把豆腐的系列产品说一下，豆浆点卤，出现豆腐脑；豆腐脑滤去水，变成豆腐；将豆腐压紧，再榨干去些水，就成了豆腐干。原来，豆浆、豆腐脑、豆腐、豆腐干都是豆类蛋白质，它们仅仅是水分含量不同而已。

有趣的是，豆浆、豆腐与豆腐脑有一个转化的过程，也就是凝聚的豆类蛋白质发生改变。例如，我们喝豆浆，有时就在重复这个豆腐制作过程。不信，你可试一试。有人爱喝甜豆浆，往豆浆里加一匙白糖，豆浆没有什么变化。有人爱喝咸豆浆，在豆浆里倒些酱油或者加点盐，不多会儿，碗里就出现了白花花的豆腐脑。酱油里有盐，盐和盐卤性质相近，也能破坏豆浆的胶体状态，使蛋白质凝聚起来。这不是和做豆腐的情形一样吗？

豆腐的文化价值

豆腐作为食、药兼备的食品，具有益气、补虚等多方面的功效。据测定，100 克豆腐含钙量为 140 毫克至 160 毫克；豆腐是植物食品中含蛋白质比较高的；豆腐含有 8 种人体必需的氨基酸，还含有动物性食物缺乏的不饱和脂肪酸、卵磷脂等。因此，常吃豆腐可以保护肝脏，促进机体代谢，增加免疫力，甚至还有解毒的作用。

豆腐的不足之处，是它所含的大豆蛋白缺少一种必需的氨基酸——蛋氨酸，若单独食用，蛋白质利用率低。如果搭配一些别的食物，使大豆蛋白中所缺的蛋氨酸得到补充，使整个氨基酸的配比趋于平衡，那么人体就能充分吸收利用豆腐中的蛋白质了。蛋类、肉类蛋白质中的蛋氨酸含量较高，豆腐应与此类食物混合食用，如豆腐煎鸡蛋、肉末炒豆腐、肉片烧豆腐等。这样搭配食用，便可提高豆腐中蛋白质的利用率。

今天，在相传是刘安发明豆腐之地——安徽省寿县城关镇的八公山街"豆腐馆"比比皆是，远近闻名。既引得本地人常来吃豆腐、过把瘾，又使相邻市县的人隔三岔五邀集亲友摆设"豆腐宴"。就连一些到安徽来旅游的外国宾客也常常云集八公山下，品尝各种色彩纷呈、鲜美异常、风味独特的豆腐菜："寿桃豆腐""琵琶豆腐""葡萄豆腐""金钱豆腐"等，大饱口福，美不胜收。

02　诸葛亮的智慧——馒头

◇ ··············

亲爱的朋友，你吃过不少馒头吧？你可能知道或者听说过小说《三国演义》、电视剧《三国》中有个主要人物——诸葛亮，但你很难想象，可以把吃的馒头与诸葛亮联系起来吧？好嘛，我现在就给你讲一个民间传说中有关发明馒头的故事。

渡江前遇到麻烦

距今 1700 多年以前，有一次蜀国的兵马队列整齐地向前进发，丞相诸葛亮手持羽扇坐在轮车上指挥。突然，有军情"探子"来报告：前方有一条大河阻挡了行军的去路。原来蜀军到了泸水边。只见天空瘴气弥漫，河流波涛翻滚，地势极其险恶。诸葛亮一挥扇，大队人马暂停脚步。丞相吩咐道："传我军令，安营扎寨，严加戒备。"传令官响亮地回答："是！"

诸葛亮下了轮车，带领部下向正在河边拜祭的几个农夫走去。诸葛亮说道："请问老乡，这里可是泸水（今金沙江）么？"农夫说："是泸水、是泸水呀！您可是诸葛丞相么？"诸葛亮点头说："正是、正是。"

农夫说："真是仁义之师啊！不过丞相大军要过河……难啊！"

诸葛亮又说："请老乡指点迷津，明白道来。"

农夫说："丞相，您看这里瘴气弥漫，河水汹涌，都是因为'河神'不高兴呀！大军要想渡过泸水，必须用许多人头祭供河神。否则河神恼怒，必将船翻人亡。"

诸葛亮淡然一笑，言道："无妨、无妨。"农夫说："只是、只是还会使泸水岸边百姓灾祸不断啊！"

夜晚在军帐里，诸葛亮反复地思考着：如要杀人祭河神，杀他的部下，还是杀百姓啊？部下们有的说："丞相，明明是当地百姓胡说，哪里有什么河神？真的有河神挡道作孽，我手里钢刀会把它碎尸万段！"

诸葛亮说："大家想一想，如果我们径直强行渡过泸水，会使这里的百姓疑神疑鬼。万一有个大灾小难，都会同我军渡水而不祭河神联系起来。要懂得民心向背呀！"部下们为难地说："可是我们怎么能随意杀人呢？"诸葛亮对大家笑了笑，便问道："'河伯娶妇'的故事，你们知道吗？附耳上来。"诸葛亮对部下耳语，部下频频点头，尔后迅速走出军帐分头行动。

过了两天，多方准备就绪。军营四周，有蜀兵警戒、放哨。军营里，有的军士杀着牛羊、剁着肉馅；有的军士和着面、把肉馅往生面团里包着；案板上包好的一个个大大的面团被捏成人头状……

用计谋祭祀河神

泸水边搭起祭台。众多的蜀军将士手持旗幡，一排排整齐地排列着，百姓远远地围观着。锣鼓声响起，诸葛亮一手持宝剑、披长发缓步登上祭台。只见他舞动宝剑左挥右指，对空、对水嘴里念念有词，百姓屏息遥望着。诸葛亮一字一字地呼道："呵！人头祭河神……"

诸军士抬上许多面团做的"人头"，上面还涂着鲜红色的"血迹"，纷纷投入水中。百姓们都信服地跪下了：河神、河神，保佑诸葛丞相顺利渡过泸水，保佑地方平安呀。随后诸葛亮率领的大军平安顺畅地渡过了金沙江。

后来有人问："那祭河神的东西叫什么呀?"诸葛亮打个哈哈："那是用面粉和肉做成的假人头,是去瞒河神的,就叫它'瞒头'吧!"

"丞相您可真神啊!您能借东风,又会不伤人还祭了河神。"

诸葛亮说："哈哈,逢场作戏而已。你们真的相信我能借来东风?我不过是懂些天文地理,故弄玄虚,也是不得已而为之的呀!"

蜀国大军乘着一艘艘船渡过泸水,百姓相送。诸葛亮对那几个农夫说："老哥呀,我设坛已跟河神谈定,日后你们再祭供时,只需用面团包上肉馅做成人头状投入水中就成了,再不许拿真的人头祭神了。"农夫高兴地回答:"好,太好了!再不用伤人了!再不用伤人了!"

诸葛亮智慧过人,他用计破除了迷信,改变了愚昧无知的风俗,做得多么巧妙哇!如此说来,馒头还真跟诸葛亮有点关系哩。

"瞒头"变成了"馒头"

又过了许多年,曾经在泸水边给诸葛亮做"瞒头"的士兵后来因负伤返回家乡。他们试着做起了小"瞒头",再用蒸笼蒸熟,请邻居、友人来尝一尝,人们边吃边说这味道不错。就问:"可是还不知它叫什么东西?"士兵随口回答道:"丞相曾叫它'瞒头'。"于是,谐音转化成了"馒头",就这样馒头、馒头叫开了。

这个消息传到了附近的一座寺庙里,和尚跑来打问,但他们不能吃肉哇!于是就取了一块剩下的面团拿回庙里。因为时值夏天,面团发酵了,蒸出的没馅的馒头又松软又好吃。这样,馒头很快在民间流传开来了。

由此可见,最初的"瞒头"中间是包有肉馅的。过了很久以后,民间的老百姓为了减少手续、降低成本,改口把无馅的叫馒头(只有面团,像拳头);把有馅的改称包子(其中包有馅的"东西")。今天,当我们啃馒头的时候,想一想上边的这个故事,是不是觉得怪有意思的?

链接:

诸葛亮（181—234），字孔明，别号卧龙先生。他是三国时期的政治家、发明家、军事家，一位非常有名的人物。诸葛先生才华出众、智慧超群，遇到什么难题都能设法破解。诸葛亮位居蜀国的军师，又设计创造了"木马流车"，自不必多说。就是在打伏时他也有一套奇招。

链接: 馒头、包子、窝窝头有何区别

链接: 染色馒头不要吃

2011 年 4 月有媒体报道：在上海、浙江温州等地，有不法之徒使用在食品中禁止使用的添加剂如"柠檬黄""糖精钠"等色素，把白馒头做成黄澄澄的"染色馒头"，充当"玉米馒头"销售。这种馒头如长期食用，会对人体肝脏等造成损害。这种违法行为已经受到政府有关部门的严格查处。食用时只需用手捏馒头，如发现手指立刻被染黄了，即可证实它是染色馒头。

03　　　　　　　春节的祝福——饺子

◇⋯⋯⋯⋯

一说到春节，北方人马上会联想到吃饺子。海外的华侨也以吃饺子来代表祖国的一种文化。这是因为，春节和吃饺子是中国人民长期以来形成的民族节日和风俗习惯。全家人热热闹闹地在一起，高高兴兴地过大年，享受家庭之爱、天伦之乐。

在民间，饺子一般要在"年三十"（除夕）晚上 12 点以前包好，待到半夜"子时"的时候再煮，此刻正是农历新年伊始，吃饺子取其"喜庆团圆"和"吉祥如意"的寓意。

不过，当初的饺子并没有这个内涵，它的发明和其后的演变更是叫人称奇，可谓真的不简单。那么，饺子是谁发明的？

饺子始于"治病药"

饺子原名"娇耳"，是一种防病治病的"中药"，相传是我国古代"医药圣手"张仲景首先提出来的。

在 1900 多年前，东汉有一位名叫张机的人，字仲景，南阳（今河南南阳）人。自幼苦学医书，博采众长，成为中医学的奠基人。他写的《伤寒论》，集医家之大成。当张仲景还在长沙任太守时，有一年当地瘟疫盛行，为了帮助百姓解除疾病，他让手下在衙门口垒起大锅，舍药救人，深得长沙人民的爱戴。后来张仲景告老还乡，正值隆冬，他看见很多穷苦百姓忍饥受寒，耳朵都冻烂了。于是，便仿照在长沙的办法，叫弟子们在一块空地上搭起医棚，架起大锅，向穷人舍药治伤。

张仲景所施药的正式名称叫"祛寒娇耳汤"，其做法是用羊肉和水加一些祛寒药材在锅里煮熬，煮好后再把这些东西捞出来切碎，用面皮包成耳朵状的"娇耳"，下锅煮熟后分给乞药的病人。每人两只娇耳、一碗汤。人们吃下祛寒汤后浑身发热，血液通畅，两耳变暖，既抵御了寒冷，又治好了冻耳。张仲景施药的时间一直持续到大年三十。为了纪念张仲景开棚舍药和治愈病人，后来每年的除夕、过年，人们就仿"娇耳"的样子，用面皮包一点羊肉末做成过年的食物，并在初一早上吃。这就是在民间流传至今的"祛寒娇耳汤"的故事，也是"饺子"由来的传说之一。

饺子名目实在多

"春节吃饺子"，这个习俗在华夏祖先的发祥地黄河流域一带已经传承上千年了。"饺"与交谐音，"子"为"子时"，故饺子即"更岁交子"。"饺子"又名"交子"，是新旧交替之意，也是秉承上苍之意。

在东汉，饺子又称娇耳。前边已经说过，它是一种药物，而不是食品。三国时期的饺子，称作"月牙馄饨"。因为把它用面皮包捏成月牙儿形状，内包有"肉碎末"（馅），下锅煮沸后，有的会面皮、肉馅分开，成了"一锅混沌"，故名。馄饨"形如偃月，天下通食"。从晋代到南北朝时期，又把饺子简称为馄饨，总体上没有变化。那时的饺子煮熟以后，不是捞出来单独吃，而是和汤一起盛在碗里混着吃，所以当时的人们又把饺子叫"馄饨"。这种吃法在中国的一些地区（如广东）至今仍然流行。

在唐代，把饺子称为"牢丸"。相传，唐太宗李世民喜欢吃肉丸子，但又烦肉肥油腻。宫廷御厨在做肉馅时多加了一些蔬菜，结果造成肉丸子在煎炸时不易成形。于是，便把"菜肉丸子"用面粉皮包起来，再放入水中煮沸。等到丸子在水面飘起来，呈上，唐太宗吃后大加赞赏。他询问御厨：这是什么东西？答曰：牢丸。盖因用面粉皮"牢"固地包起肉"丸"之故也。唐朝时的饺子已经变得和现在的饺子几乎一模一样，而且是捞出来放在盘子里单个吃。

五代时，饺子有"粉角"之名。在宋代食品中出现"角子"一词，为什么把饺子叫做"角子"？取其"更岁交子"之义。元代把饺子叫做"扁食"，可能出自蒙古语，因为饺子（角子）与蒙古语中扁食读音相近。饺子的样式，也由原来馅小皮薄变成了馅大皮厚。明朝时开始正式称"饺子"，清朝则又同时把饺子称作水饺、饺儿、水点心等新名称。清代时北京旗人还把饺子称作"煮饽饽"，这个叫法后来一直沿用到民国，乃至今天。

由此可知，饺子在其漫长的发展过程中，虽然名目繁多，但万变不离其宗。可以用一个公式写出：饺子等于肉馅加上面粉皮儿，如此而已。饺子名称的增多，说明其流传的地域在不断扩大。民间春节吃饺子的习俗在明清时已相当盛行。

春节第一餐吃啥

中华民族的风俗习惯中，春节第一餐（或是除夕年夜饭）是有特别重大意义、也是特别受人重视的一顿"合家宴"。对于北方人来说，家家户户都要想办法全家吃一顿饺子。即使像杨白劳这样的穷苦人，过大年时也要买回二斤面，回家包饺子。饺子成为春节时不可缺少的节日食品。这是什么原因呢？第一，饺子形如元宝，人们在春节吃饺子取"招财进宝"之音。第二，饺子包有馅，便于人们把各种吉祥的东西包到馅里，以寄托人们对新年的祈望：在包饺子的时候，常常将糖果、花生、红枣和栗子等包进饺子馅里，吃到糖果的人，来年的日子会更加甜蜜；吃到花生的人，将会健康长寿；吃到红枣和栗子的人，一定能早生贵子。

有些地区的人家在过年吃饺子的同时，还要配些副食或别的东西，以图吉祥、平安、如意。例如河南有的人家，初一早晨把饺子、面条煮好后放在一个碗里，叫"金丝串元宝"，吃这样的年饭，表示财源滚滚来。又如安徽有些地区，过年要加吃豆腐，象征全家幸福。

再如浙江人过年，有的把芹菜、韭菜、竹笋合炒而成"素三鲜"，吃这种菜，象征三阳开泰，寓意"勤劳长久年年高"。

　　现在，人们的收入增加了，生活水平提高了，有条件想吃什么就吃什么。吃饺子成为日常便餐，算不得稀罕事。不过，上边介绍的饺子的由来、吃饺子的风俗，在人们的心里却有着深远的影响。到了春节的时候，你不妨按照传统的方式做一做，也许会给过大年带来更多和谐、喜庆、欢乐的气氛。

04 小和尚的倒霉事——锅巴

◇ ··············

锅巴，就是"焖饭时紧贴着锅底结焦成块状的一层饭粒"。它又香又脆，是我国汉族很有特色的一种食物。据传，锅巴的发明，却是由一个小和尚烧饭不慎引起的，你想得到吗？

小和尚误事

很多年以前，大约是宋朝的时候，南京城外有一座寺庙，每天由一个大和尚领着几个小和尚"做斋饭"。古时候，庙里和尚的生活比较清苦，在每天的午时（即中午 11 点到 13 点）到第二天日出之前是不能吃东西的，这是戒律。他们既然选择了出家，就自愿遵守这个"不非时食"的规矩。佛教寺内还有许多复杂的规定，比如刚进庙来的只能当"沙弥"（梵语，勤行众慈之意），一般沙弥限定为 7 岁至未满 20 岁的出家男子。经过"剃度"（包括剃头、"烧洞"）后，年满 20 岁的时候，如果庙里的众僧侣同意，可由 10 位高僧大德主持，一起给沙弥行"受戒"，才能成为比丘（梵语，出家修行之意）。受过比丘戒满 5 年后，方可自己单独修行。寺外的汉族人常把沙弥叫小和尚，住持、方丈叫大和尚。其他人统统称呼为和尚。

比丘与沙弥

　　有一天清晨，一名当班煮粥（稀饭）的小和尚，睡眼惺忪地向大锅里倒了一堆米，却少加了一些水。他在灶下添了几根大劈柴之后，大白天里发困，竟稀里糊涂地靠在灶边睡着了。等到他的同伴从外边挑完水回来，推醒他时已经快到"开斋"的时间了。大和尚走进来，揭开锅盖一看，顿时傻眼了。稀饭焖成了干饭，数量明显地减少了，一个饭桶也装不满，这顿饭怎么够吃？更可气的是，锅底还有一层硬邦邦、黑乎乎的焦饭粒。这可怎么办好？小和尚眼里含着泪花，默不做声地站在锅旁，他心里明白这是自己的"过失"，是自己做了错事。

　　大和尚很生气，用责怪的眼光瞪了小和尚一眼，说道："那么，这顿饭你就不用吃了。"等到其他和尚回屋休息时，饭桶已经底朝天，空空如也。小和尚这时饥肠辘辘，难以忍受。他望了一下锅底的焦饭粒，这东西能不能吃？吃了肚子会不会痛？小和尚有点怕，但是他实在太饿了，就用手抠了一块，塞进嘴里，咀嚼起来。好香呵！他不禁转忧为喜，大口大口地吃起来……

　　这个故事不一定真实，有可能是杜撰的。可是，它的启发性颇值得人们回味。"世间多少偶然事，要说偶然不偶然。"从古至今，有不少发明和创造常常是由于出错而被发现的，故有"失败是成功之母"的说法。科学规律是必然的，可发现它却带有偶然性。如果我们在平时遇到某些事情时一点也不"马大哈"，从偶然中去寻找必然，那么总有一天是会获得意外成功的。

锅巴变美食

这个故事讲到这里似乎完了，可是又还没有完。你们会问：后来呢？后来的事，还真有不大不小的发展。据传，后来，小和尚还俗了，就把在庙里发生的这件事向家人述说了一番。他一直忘不了当年锅巴如何解决了那种饥、饿、馋的生理和心理需求时的感受。他想：既然锅巴这么好吃，不妨再做一做，把它当成小食品出售也许是有可能的。他真的就在南京夫子庙前摆摊专卖起这种香香的、黄黄的、脆脆的锅巴，一时传为美谈。

到了明清时期，从南到北，各个寺庙里的和尚都喜欢吃一种名叫"口磨锅巴"的素食。有一首诗这样写道："隔江船尾竞琵琶，金帐宁知雪水茶。新妇美汤多得意，老爹自合嚼锅巴。"许多年过去了，现在，锅巴已经成为著名的佳肴和小食品，比如四川的名菜三鲜锅巴，陕西某食品厂生产的太阳牌锅巴，还有各式各样的锅巴食品，等等。

05 岳飞被害之后——油条

◇ ···················

油条原是我国南方老百姓常吃的一种早点食品。现在，北方地区的民众也都早已习惯吃油条了。可是，油条是谁发明的？从中可以引出一段我国人民热爱卫国英雄，痛恨卖国奸贼的故事。

风波亭的大冤案

距今 800 多年前，即南宋高宗赵构绍兴十一年（1141）的腊月二十九日午时三刻，在京城临安（今杭州）大理寺（后称风波亭）狱中，宰相秦桧和他老婆王氏以莫须有的罪名：抗旨谋反、里通外（金）国，把一代名将岳飞及其儿子岳云、部将张宪杀害了。这是一起惊天动地的大冤案。

岳飞（1103—1142），字鹏举，河南汤阴人，抗金名将，被国人颂为民族英雄。他统率精兵，叱咤风云，忠心耿耿，战绩辉煌。他早年作的《沁园春·满江红》一词，脍炙人口。由于他极力反对朝廷议和投降，终于被皇帝赵构、宰相秦桧等杀害于风波亭（原址由于历次战火早被焚毁），死时年仅 39 岁。岳飞被害后，狱卒隗顺冒着生命危险，将岳飞遗体背出杭州城，埋在钱塘门外九曲丛祠旁。隗顺死前，又将此事告诉其子，并说：岳元帅精忠报国，今后必有给他平反昭雪的一天！

隆兴元年（1163），孝宗即位，为岳飞平反诏雪。嘉定十四年（1221）建墓园，名为"精忠园"，并将岳飞遗骸迁葬到栖霞岭下，又将西湖显明寺改为祭祀岳飞的祠宇，也就是如今人们喜欢前往瞻仰的"岳王庙"。岳王庙旁边是岳王墓，墓道两侧有文武俑、石马、石羊等。墓道阶下分两列设秦桧和王氏、张俊和万俟卨的铸铁跪像。前两人自不必解说，后两人，一个是岳飞的部将，卖友求荣；另一个是"心被狗吃了"的、判岳飞死罪的"法官"。他们长久地跪在那里，受到世人的唾弃和责骂。

在这里详细地介绍了岳飞冤案——南宋历史上一件非常重要的大事，目的是让我们不能淡忘岳飞的功绩及其精神的历史价值。现在，就应该来说一说岳飞事件跟发明油条有什么关系了。

人民是不可侮的

岳飞被害消息一经传开，临安的老百姓个个义愤填膺，酒楼茶馆、街头巷尾，都在议论这件天大的事。他们怀念岳飞，痛恨秦桧和王氏。可是，奸臣当道，谁敢吭声？那时离风波亭不远处有一个卖早点的摊子，店主姓名失传，只知道是一个做油炸面饼、糯米麻团的生意人，他具有强烈的爱国心。有一天，刚刚散了早市，店主清理好灶头，收拾好油锅，就坐在板凳上抽袋烟，休息片刻。一会儿，有个熟友来聊天，说来说去，就说到秦桧害死岳飞的事情上来了。两人都非常愤懑，于是就想用一种方法来表达自己对这件事的看法。想来想去，店主突然不吭声地起身走近桌案，只见他从面板上弄了两个面疙瘩，揉揉捏捏，不久就捏成了两个面人——一个吊眉无赖，一个歪嘴刁婆。他又抓起切面刀，往那吊眉无赖的颈项上打横一刀，往那歪嘴刁婆的肚皮上竖着一刀。熟友看到后，点点头，又用两手示意往油锅里扔下去……

第二天，早点摊开张。人们看到的早点除面饼、麻团外，又多了一个新品种。只见店主把两个捏好的面人，背对背地粘在一起，丢进滚烫的油锅里去炸，炸到焦黄时就把油锅里的面人捞起来。买主便问："这是什么东西嘛?"店主回答："侬不晓得啥，它叫'油炸桧'(意思是油炸秦桧这个坏蛋才解气)呐!"

过往的行人听见"油炸桧"这个吃的东西，觉得挺新鲜，都围拢了过来。他们见到油锅里有这样两个丑人，被滚油炸得吱吱响，就明白是怎么一回事了。于是，也跟着喊起来："快来看呀，油炸桧啰! 快来买呀，油炸桧啰!"大伙儿心照不宣地都拿出钱来买，还连声说："好吃，好吃! 我越吃牙齿越畅快，真想一口把它吞下去。"一时间，要买"油炸桧"的人越来越多，生意特好，时至中午，人们还不愿离去。

这件事一下子轰动了整个临安城。人们纷纷赶过来，都想吃一吃"油炸桧"，以解心头之恨! 店主考虑由于捏面人很费工夫，让顾客老排长队，因此想出了一个简化的办法。他把一个大面团揉匀摊开，用刀切成许多根小长条块，每次拿两根来，一根算是无赖秦桧，一根算是刁婆王氏，合在一起用筷子一压，再扭在一起，放到油锅里去炸，这就是"升级版"的"油炸桧"了。

上边讲的这个故事，在一本名叫《清稗类钞》的古籍中是这样记载的："油炸桧点心也……长可一尺，捶面使薄，以两条绞之为一，如绳，以油炸之。其初则肖人形，上二手，下二足，略如叉字，盖宋人恶秦桧误国，故形象以诛之。"在这段文字里，既讲了油炸桧的制法，又说出了它的来由。

油条

后来，因为老百姓当初吃"油炸桧"是为了消除心中的气愤，但一吃味道还不错，价钱也便宜，所以吃的人就越来越多。一时间临安城里城外很多摊位，都学着做起来，以后就渐渐地传到了外地。天长日久，就把这种长条的"油炸桧"简称为"油条"了。

油条的由来虽然还有别的版本，但是，中心思想都离不开"岳飞被害之后"引起的事。这说明广大人民心里有一杆秤，谁好谁坏，泾渭分明。

油条后来传到我国北方，改名为果子，也是百姓们的早点之一。不过，出售时不像南方那样以每根油条为单位计价，而是以一斤果子卖多少钱的方式计算。这已经是过去多年的后话了。

06 忽必烈着急吃肉——涮羊肉

◇ ·················

　　我国饮食业中的发明，具有明显的民族性和地域性。比如涮羊肉就是最早始于我国内蒙古和华北地区的冬季时令名菜。据说，涮羊肉的发明还与元世祖忽必烈有一定的关系。

打仗前夕

　　相传在700多年以前，我国宋代晚期，蒙古首领忽必烈率领大军南下，与南宋的官兵交战。时值严冬，北风呼号，天气极冷，滴水成冰。一连经过几天的激战，统帅和士兵又困又乏，部队来到了一座大山脚下，忽必烈下令稍事休息，埋锅做饭。厨师们赶忙杀羊剥皮，剔骨割肉，打算让全军将士美美地吃上一顿清炖羊肉。

　　面对山前一大片荒地、枯草，忽必烈站在军帐前想起了家乡：那一望无垠的大草原，宛如天上朵朵白云的羊群，飞奔角逐的高头骏马，还有忍辱负重、叮咚铃响的骆驼……哦，该弄点东西来吃吃了。

　　大块生羊肉已摆在盘子里，铁锅里的

忽必烈

水刚冒泡。正在这时，军情探子飞马跑来报告，宋军大举反攻了，形势十分危急。忽必烈一边下令骑兵赶快集中，一边大声嚷道："快端点吃的来。"厨师们被这突如其来的一幕搞懵了。他们了解忽必烈的性情残暴，稍有不慎，人头落地。正在大家不知所措的时候，有个年轻的伙夫急中生智，眼明手快地把羊肉切成薄片，丢到沸水锅里搅一搅，待肉色一变，立马捞出，加些细盐和佐料，连盘带肉片一起送到统帅跟前。忽必烈狼吞虎咽，饱餐一顿。随后翻身跃马，带领骑兵冲向敌方阵地。经过一场交锋、厮杀，终于打败了宋军，胜利而归。

　　不久，忽必烈决定庆功，犒劳军士。他想起临战前夕吃完羊肉片后，感到这肉片格外鲜嫩，味道奇好，全身发热，劲头鼓得足足的，就叫厨师再去准备，让大家一起来尝一尝。几千人列队，都扬着脖子等候，由厨师把羊肉片先在开水锅里烫熟，再放到碗里加调料，一碗一碗地递给士兵，从早上做到中午，还有一大批人没有尝到。忽必烈一看，这太难受了，便说："这么干可不行，等到晚上也吃不成。我看干脆这样吧，不如让各位弟兄就地砌灶架锅，一人一份把生肉片分下去，自己动手烫着吃。甭客气了！"这样一说，大家呼啦散开了，很快地十人一堆、八人一伙，围坐在一起，边烫边吃，好不热闹。后来，忽必烈胜利返朝后，重赏了厨师，并问清了这种羊肉片的烹调技术，赐菜名为"涮羊肉"。

享受美食

　　自从忽必烈建立元朝以后，这种吃羊肉的方法一直保留了下来。每逢官府设宴或者民间请客，必有涮羊肉。涮羊肉成为中国饮食文化中重点推出的一道佳肴。只不过随着光阴的流逝，涮羊肉的内容、吃法与过去相比有了很大的变化，在餐具、佐料、配菜、汤底等方面更为讲究了。古人云：美食不如美器。因此在吃涮羊肉时，使用的涮锅是紫铜制作的，盛羊肉片的瓷盘是白色的，而装粉丝的盘子应是翠绿色的。至于金黄色的花生酱、鲜红色的腐乳汁、紫蓝色的虾油卤、橘橙色的料酒和深咖啡色的酱油等，还有韭菜花、蒜头、胡椒粉、辣椒油，更加让人馋涎欲滴。

涮锅里的清汤从前就是白开水，如今则是虾贝汤、鸡汤或鸭汤，视食品的口味与各地风俗而定。瞧，一道菜，虽不是什么大发明，可是其中值得研究的问题却不少。比如羊肉片的厚薄与在涮锅中烫煮的时间多少为宜，火锅的配料怎样才算科学、合理，等等。当你举起筷子吃涮羊肉的时候，脑海里还会冒出哪些新的问题呢？

涮羊肉

一点提示

以上只是发明涮羊肉的一个民间说法。事实上，忽必烈是1215年生人，早他几百年——南北朝（420—589）已有人使用"火锅"，五代十国（907—960）中期，涮羊肉已经来到南京（古称，又名燕京，即今北京）。它的真正发明者可能是某个契丹人，因不传其名，只好把"桂冠"戴在大大有名的忽必烈头上了。

不过，涮羊肉在向南方传播后，也带来了一些负面作用。由于南方气候湿热，夏季吃涮羊肉会"上火"。这反过来又影响北方，于是夏天也不吃涮羊肉了。因此在华北一带（包括北京）就有了"秋风起，涮羊肉"的说法。

在涮羊肉发展和完善过程中，老北京人对它做出了许多贡献，如调料选配、铜锅设计、餐饮仪式等。最为有名的清代"满汉全席"共有108道菜，其中冷荤热肴196品，点心茶食124品，合计肴馔320品，而主菜就是涮羊肉。由此可知它在宫廷大宴中的重要地位。

07 天上人间庆团圆——月饼

◇ ⋯⋯⋯⋯⋯

　　月饼究竟是谁最先做出来的？在中国大地每年的农历八月十五是中秋节，为什么要合家团圆吃月饼？查阅史籍，在唐朝就有人写出"月到中秋分外明"的诗句，在北宋也有"小饼如嚼月，中有酥与饴"的记载。可知在我国的唐宋时期，过"中秋节"与"吃月饼"的习俗已经开始了。然而，若要拿出"中秋节"与"吃月饼"这一习俗的明确证据，只有以明代刻印的《西湖游览志余》一书为凭，书云："八月十五日谓之中秋，民间以月饼相馈，取团圆之意。"关于中秋节美食首推月饼，其起源说法有多种，以下仅举两例，一个是神话传说，另一个是历史故事。

一个动人的神话

　　很早很早以前，在天宫里有一个美貌的仙女，她的名字叫嫦娥。有一天，她不慎偷食了瑶池的祭品，还想从天上叛逃人间。这两桩事先后被人举报，王母娘娘震怒，下令把嫦娥发配到冰冷的月宫（月亮）服役：天天"劳改"，不许偷懒。她每天干活，心里很不愉快，又思念男友后羿，便写了一张小字条夹在自制的小圆饼中间，托月宫的"守卫"吴刚送往人间。字条上写着："天上地下心一条，八月十五看郎君。"这句话的意思是告诉后羿：我们的心是紧紧相连的，到了八月十五再相见吧。于是，人间便把这一天的夜晚，确定为亲人团圆的节日。

后羿收到字条后，就做了许多小圆饼，期待八月十五中秋之夜与月宫里的嫦娥见面，一起吃小圆饼。然而，等到了那一天来临之时，虽是"月挂中天"，却有"乌云遮月"，可爱的嫦娥并没有出现。这是怎么回事？原来"吴刚送信"之事，被王母娘娘知道了。她一面派出"玉兔"用杵捣药，监视嫦娥不许她出月宫半步；另一面罚吴刚背篓砍桂花树，背篓里装的是他的口粮。每当吴刚举斧砍树之际，就有一只乌鸦飞来啄背篓里的口粮，他便转身去赶走乌鸦；等乌鸦飞去，吴刚再次举斧，乌鸦回头又啄口粮……如此反反复复，无休无止，日日做这种徒劳无功的苦差事，以示惩处。这样，祭祀月亮，祈祷团圆，便在中秋夜约定俗成了。

这仅仅是民间流传的一个神话故事，它告诉我们两点：中秋节吃的月饼是由嫦娥做的小圆饼演变而来的；赏月时全家坐在一起吃月饼，是出于对亲人的眷念。

农民起义的信物

很多年过去了。到了公元 14 世纪的元朝末年，元惠宗（1320—1370）执政，他是元朝在位时间最长，也是最腐败的一个皇帝。他沉溺后宫，不理朝政，一切由大臣伯颜、脱脱等掌握，仇视汉人，排斥儒士，停止科举，起用蒙古、色目人为官，滥杀无辜，导致社会矛盾激化。为了维护自己的统治，防止人民造反，规定民间不准私藏铁器，只准 10 户人合用一把菜刀。这些政策引起了广大人民的普遍憎恨，到处都在酝酿反抗和起义。

在元朝末年乱局里，有好几支起义队伍。其中有一支农民军的领袖叫张士诚（1321—1367），字确卿，乳名叫"九四"，泰州（今属江苏省大丰市）人，出身盐工，曾经卖盐。此人是元末群雄中数一数二的好人，不奸险，能容人，礼待读书人。张士诚轻财好施，很像《水浒传》中的梁山好汉"及时雨宋江"，深得民心。他所领导的红巾军，一开始也是反元的，曾经两度称王。张士诚除了和元朝官府为敌外，还跟朱元璋（明朝开国皇帝）结下冤仇，最后被朱元璋发兵给消灭了。

张士诚是怎样被"逼上梁山"的呢？元至正十三年（1353），因受不了官府的欺压，张士诚与其弟士义、士德、士信等18人率盐丁起兵反抗元朝，史称"十八条扁担起义"。为了联合各路反抗力量壮大队伍，在朝廷的官兵搜查十分严密、传递消息十分困难的条件下，张士诚想出一条计策，命令属下把写有"八月十五夜起

张士诚

义"的纸条藏入小圆饼（后称月饼）里面，分头传送到各地起义军中，一传十，十传百，通知他们在八月十五晚上一起响应，以利扩大战果，推翻腐朽的元朝政权。到了八月十五起义的那天，各路义军一齐响应，起义军如星火燎原，势如破竹，给予元朝统治者迎头痛击。

"月饼传信息"一说，赢得了广大民众的认可。当起义军们掰开月饼见到纸条后，纷纷拿起武器，掀起了反抗元朝统治者压迫的新高潮。为了纪念这次起义，人们把每年的八月十五吃月饼相沿成习。可悲的是，张士诚从不忍欺压揭竿而起，到最后坚强不屈自杀身亡，前后共计14年就走完了他轰轰烈烈的一生。自杀这一年，他47岁，实在可叹。

明代正式叫月饼

洪武元年（1368），明朝刚刚建立，大将徐达攻下元朝残余势力盘踞的元大都北京。当捷报传到首都南京时，正是八月十五日，明太祖朱元璋十分高兴，即传旨把"中秋节"定名，全民同乐，普

天同庆，并将当初反元大起义时传递信息的小圆饼赏赐给广大臣民，正式称呼中秋节的小圆饼为"月饼"。月饼从此成为中秋节"法定"的食品，大家非吃不可了。在后来很长时间，甚至在清末民初以后，许多"老店"生产的月饼，在包装时还贴、夹有一方小纸片（内容当然是祝福之类的贺词）。只可惜，到现代以来所出售的月饼已经不见小纸片的踪影，月饼所含的代代相传的"文化密码"荡然无存了。

月饼与月饼模具

在民国年间，全国的月饼市场为广式、苏式和南式所产月饼的"三分天下"。广式月饼的馅料以火腿、枣泥、椰蓉等为主，顾客是达官贵人、豪商巨贾。苏式月饼质量不逊于广式，价格则较便宜，馅料以腊肉、咸蛋黄等为主，顾客多为小康人家。而南式的馅料不过是荤五仁、素椒盐两种，适合广大普通市民的口味。

再以后，人们对月饼的文化意义日渐淡漠，而一些厂家、商家抛弃了靠质量和诚信以及价廉物美赢得顾客的原则，把月饼作为一种奉上、拉关系的礼物。有的月饼达到"天价"，比如《宁波日报》2004年9月23日A2版报道，该市一家大超市出售的一盒月饼价格竟高达2898元，令人咋舌。这盒月饼谁会掏钱买？其价格比一个普通工人的月薪还高！厂家、商家想干什么？完全与人民群众的情意背道而驰了。

08   带小孔的食物——面包

◇ ....

一日三餐中的主食，中国人有的吃馒头，而多数西方人则是吃面包。虽然做馒头、面包的原料都是用小麦磨成的面粉，但是，馒头是用水蒸出来的，而面包是用火烤出来的。饮食上的这种差别，充分反映了东、西方人在"吃文化"背景方面的不同之处。

古埃及人的创造

早在9000年前，在埃及的土地上生长着一种叫小麦的植物。每到夏天小麦成熟了，颗粒散落在地上。古埃及人用石头把放在石板上的小麦碾碎、吹壳，剩下白白的面粉。后来，有人向面粉中加入清水，揉和，捏成一个个"面团"，再把生面团摆在烧热的石板上，烤成一种熟面团。由于这种面团没有经过发酵，吃起来又干又硬。但是与生吃稞麦、扁豆等相比，口感还是舒服一点。因此，早期的面团是古埃及人常吃的主食之一。

时光又过去了许多年，埃及人早已习惯吃熟面团了，天天如此。"老祖宗都是这样吃过来的，我们照吃就是了。"习惯的势力是巨大的，谁也没有留心想着改变一下面团。有一次，几个埃及人在一大清早把生面和好，揪成了几个面团放在石头上。一时间，因为有别的事情走开了，时值夏季，天气炎热，加上太阳曝晒，生面团发生变化了。等到中午他们返回来，也不管三七二十一，架火烧烤，结果烤出来的却是松软可口的"火面团"了。众人喜出望外，但又觉奇怪。因为当时还缺少科学知识，他们并不清楚，这是因为把生面团放在石头上，空气中天然的某种细菌落入其中，再经在太阳下提高温度，促使其发生了自然发酵，结果是使生面中出现许多小孔，把硬的面团改变为软的"面包"了。大约在公元前4000年，埃及人就掌握了以发酵法做面包的方法，但全凭实践经验，一代一代地重复过去的老做法。

面包曾经是"贡品"

因为面包不同于面团，而且最初具有做面包手艺的人不多，只能口手相传，每次做成的面包数量有限。所以埃及人把面包视为"高等食品"，首先应满足"法老"、贵族人士的需要，还要作为祭神坛、先圣的"贡品"，一般老百姓是不能、也不敢享用的。与此同时，根据法老会议的决定，面包的制法要严格保密，不许外传。

然而，科学是无国界的。一直到了公元前5世纪，古埃及人做面包的方法流传到了古希腊和古罗马。古希腊人认为，面包不是普通食物，因为中间有许多气孔，只有神父们才能食用，老百姓吃了会得病的。古罗马朝廷干脆下令：烤面包是教会的"专利"，民间一律禁止；面包由国王、领主、修道士"专用"，市场不许买卖。这些野蛮的规定在欧洲曾经泛滥了很长一段时间。面包曾经是普通人可望不可即的东西。

普及民间受欢迎

16世纪，黑暗的欧洲中世纪结束、文艺复兴运动开始了。面包已经普及到欧洲各地，人们不再只是单啃"煮土豆"了，餐桌上也摆上了面包。法国和意大利的工程师首先设计了新式的烤炉，食品专家也培养出了人工"食用菌"，并且把烤面包作为一种工艺，进入了食品工业的行列，还培养了大批的面包师。这些戴着高高的白帽子、身穿白衫的专业人员，每天烤出亿万个面包，以满足各方食客们的需要，这是多么了不起的事啊！

　　面包从"专用品"走向"普及品"，其间经历了漫长的时光。之所以能够如此，包含了历代无数人士的辛勤劳动和刻苦钻研。古人对许多事物，只停留在"知其然，而不知其所以然"的水平。对面包的认识也是这样，几千年之后，直到公元 1680 年，荷兰科学家列文·虎克利用显微镜观察，才揭开了其中的奥秘。原来是生面团中有了一些酵母菌，发酵时便有气体释放出来，就使熟面团中出现许多气孔。19 世纪，法国科学家巴斯德对酵母菌做了进一步的研究，他发现，在空气中与灰尘一起飘浮的细菌一旦进入面团内，在一定温度下进行繁殖，就会引起面团的发酵。如果在制作面包时，加入一定数量的酵母菌，就使面包变得又软和又好吃起来。

　　现在，面包已经成为人人皆知的大众食品，各式各样的面包，圆形的、长条形的、方形的、塔形的、蟹形的，奶香味的、巧克力味的、椒盐味的、沙嗲味的、椰丝味的，等等，五花八门，令人目不暇接。

09 "三明治"原来是封号——夹肉面包

◇ ·················

日常生活中的有些发明，构思并不稀奇，往往平平常常，只是把现成的东西加在一起，就得到一个新的创造。不过，这个创造必须为大众所承认，并且长久不衰，社会效果好，否则就不能称其为发明。西方快餐之一的食品——"三明治"就是一个例子。

"三明治"刚从国外引进时，曾有人把它译为"夹肉面包"，这个名称因商业上不被采用，知道的人较少。关于三明治的由来，有好几个版本，在这里我们只介绍时间早一点、流传广一点的那一个，其他从略。

死爱面子活受罪

话说二百多年以前，18 世纪中叶，英国有个绅士名叫约翰·蒙泰古，他的祖先曾获得了"大不列颠王国"侯爵的封号——原文是 Sandwich，不晓得是谁，把它译成中文却成了"三明治"（还有一个说法，Sandwich 是封地）。所以有时候，人们为了表示对蒙泰古的尊敬，也称呼他为三明治老爷。

这位蒙泰古先生，生性懒惰，游手好闲，每天什么也不想干，专门约来一些狐朋狗友到自己住的房子里打牌、赌博。他很想多赢钱，瘾头特别大，一上手玩牌，可以少吃少睡，一天到晚不停息。好在他的祖先留下了一些遗产，暂时他还不会饿肚皮。

有一天，蒙泰古和他的牌友玩了差不多 10 个钟头，别人都轮流回家吃饭休息了，他硬是一个人撑着。虽然他的肚子咕咕叫了，却又舍不得放下一手好牌，就对仆人说："赶快出门去弄点吃的东西来，越快越好。"仆人到街上转了转，发现因天色已晚，菜馆、饮食店都关了门，只好在路边的小摊上买了几个面包，在面包中间夹点熟肉片，送到蒙泰古手里。

蒙泰古真是饿极了。牌友们见他狼吞虎咽的样子很可笑，就说道："蒙泰古先生吃东西真随便，吃什么都成。"蒙泰古是个很爱面子的人，听了这话不觉脸上一热。一转念，瞪大眼睛，鼓起腮帮子，大声地说："不，不，你们不懂，我吃的东西是很有讲究的。我吃的什么？是我家祖传的好东西——三明治！"大家听了，连忙捂住嘴巴，生怕笑出声来。

食品店老板聪明

这个笑话传来传去，谁知一下子传到附近一家食品店老板的耳朵里。他想：面包是现成的，熟肉也是现成的，不需要从头做起。同时，也不用添什么大工具、大设备，加工特别简单，花不了多少本钱，如果成功了，小小微利叠加起来就会赚大钱哩。于是乎，老板决定打出"三明治"旗号来招揽顾客，做做这个"小生意"。他买来一批面包，夹上熟肉片，在烤箱中再烘一烘，趁热叫卖起来。他还大肆宣传，说什么这是本地具有特色的风味食品，这是三明治侯爵吃过的好东西，等等。说得天花乱坠，让人垂涎欲滴。

由于这种食品的售价便宜，随做随卖，又方便可口，因此很受小孩、学生和体力劳动者的欢迎。营业额一天天上升，很快地开了一家家分店。三明治的花样也有了一定程度的变化，在两层面包之间有时也夹些鸡肉，或者是煎鸡蛋。总之，夹肉面包这个"定式"基本上没有多大改变。

三明治与麦当劳

通过上面的叙述，我们知道了三明治是一种快速又方便的食品。它是忙碌的现代人最容易"打发一餐"的吃饭方式。其实，当初发明三明治的人的确也是个大忙人，不过他不是忙工作，而是忙赌博。

三明治在英国发端，不久流传到周围国家如法国、德国、比利时等，但是并没有引起"轰动"。可能是他们的口味与英国人不同，觉得三明治没有什么了不起。19世纪初，在德国的汉堡市开有一家小吃店，店主把牛肉剁成碎末，加入调料，做成肉饼。然后，把面包分成两块，中间夹上牛肉饼和两片新鲜菜叶，取名"汉堡包"。它是三明治的另一个"变种"。

1884年，汉堡包被介绍到美国，引起了西部牛仔们的极大兴趣。20世纪40年代初，美国的麦克唐纳兄弟在加利福尼亚州开了一家专门出售汉堡包的快餐店，店前立有一个招牌，底面呈鲜红色，中间是个大写的英文字母M，异常醒目，取名为McDonald's，中文译名叫"麦当劳"。这个店开始时的食谱比较简单，只有汉堡包和汽水。为了满足美国人的饮食习惯，后来增加了冰淇淋、炸薯条、土豆泥、苹果酱、西红柿酱、可口可乐等，还推出了M套餐（汉堡包加上沙拉、饮料），让快餐变得更加丰富多彩，让再忙碌的人们也可以享受到有质有料的美味。

从三明治、汉堡包到麦当劳，这是现代快餐发展的一条食物链。尽管有人认为它们没有营养，是垃圾食品，可是，由于这种食品制作简单，味美可口，携带方便，因此受到了人们的普遍欢迎。后来，这些食品由海员传播到世界各地，现在已经发展成为风靡全球的快餐食品。

链接：

汉堡包，被称为西方五大快餐之一。原始的汉堡包是剁碎的牛肉末和面做成的肉饼，故称牛肉饼。德国汉堡地区的人将其加以改进，将剁碎的牛肉泥揉在面粉中，摊成饼煎烤来吃，遂以地名而称为"汉堡肉饼"。1850年，德国移民将汉堡肉饼烹制技艺带到美国。后来逐渐与三明治合流，将牛肉饼夹在一剖为二的小面包当中，改称为"汉堡包"。

汉堡包

10 边吃边走的快餐——热狗

◇ ·················

　　热狗，这个奇怪的名字，跟小狗没有一点关系。它是西方人——上班族、小学生、打工仔们常吃的一种便宜食品。热狗是什么？就是"面包夹香肠"。要说这么简单的东西是怎么兴起的？引用西方一句俗语，那就是："热狗热狗，边吃边走。"

　　关于热狗的起源有好几种说法，流传比较广一点的是：热狗源于德国的法兰克福（地名），它是大街上叫卖的一种"小吃"，原名叫油煎小红肠或法兰克福香肠。后来传到了美国，却被美国人称为腊肠狗香肠。这种东西又是怎么从德国跑到美国的呢？

做生意出问题

　　1904 年，有一个名叫安东·福万格的德国人，从欧洲巴伐利亚移民到美国中部的圣路易斯。初到大洋彼岸，举目无亲，囊中羞涩，不知如何谋生。想来想去，只有家乡的一种法兰克福小红肠还可以在上面做做文章。于是他就在街上摆了一个货摊，做起专门出售油煎小红肠的生意来。这种小红肠的味道不错，价钱便宜，顾客很多，买卖做得十分"红火"。

　　由于刚刚煎好的小红肠热得烫手，福万格准备了一些手套，供食客使用。可是，在晚上收摊时，总有一部分手套不见了。再说，洗晾用过的油乎乎的手套，挺费劲的。这件事使他很伤脑筋。于是，一有空时福万格就琢磨，可还是想不出什么好办法。

有一天，一位妈妈带着一个小男孩来买红肠。那男孩手里捧着刚买来的面包片，对福万格说："老板，请把红肠放在我的面包片上好吗？"随后，那男孩把面包片对折起来，小红肠被夹在中间。这样吃起来既不烫手，又别有风味。福万格盯着那男孩津津有味地吃小红肠的模样，脑子里突然闪出一个亮点。他拍了一下大腿，兴奋地叫了一声："好，就这么干！"

热狗来自漫画

福万格后来回忆起来，不禁感叹地说："哎呀，以前我怎么只想在手套、盘子上找办法，不从吃的方面再动动脑筋呢？"从此以后，他就向面包房定做了一批船形的白面包，用刀子在中间切开一条缝，再把油煎小红肠夹在里边一起卖。这样看上去红白鲜明，活像夏天里吐出舌头散热的狗嘴巴。

热狗与卖热狗的人

1906 年的某一天，有一位过路的漫画家看见了福万格做面包夹小红肠的样子，就信手在一张纸上画了一幅漫画，把小红肠画成狗的样子，浑身冒着热气，旁边写上"hot dog"，作为一张幽默画刊登在当地的报纸上。这原本是个开玩笑的举动，却被卖东西的福万格拿来当成了宣传广告。更出乎意料的是，这一举动使"美式英语"中增加了一个新词：热狗。这样一来，一传十，十传百，就这么叫开来了。

热狗出名了，别人也跟着做起来，不久，热狗从美国中部流传到东部和西部。真是应验了中国的一句俗语："老少咸宜，妇孺皆知。"又过了一些年，欧洲、亚洲各地都流行起吃热狗了。现在，在我国的不少城镇也都在叫卖这种快餐食品。回想起来，热狗的问世已经是一百多年前的事，却一直热卖至今，这恐怕是福万格做梦也想不到的事。你说是不是？

11　探险队长的发财梦——巧克力

◇ ....

巧克力是大家最爱吃的食品之一。从外观上看，巧克力"黑不溜秋"的，它是怎么样从一种令人失望的食物华丽转身，成为全球闻名的食品的呢？它的发明有一段很长的故事哩。

什么是巧克力

人家都知道巧克力这种食品，可是"巧克力"是什么意思？有很多人搞不清楚，只是跟着大伙一起"人云亦云"。其实，巧克力也译为朱古力（二者均为音译，后者为我国南方人的音译），它是由美洲中部（从墨西哥中部到哥斯达黎加西北部地区）曾经通用过的"地方话"——纳瓦特尔语译来的。当 16 世纪初叶西班牙殖民主义者用武力征服了美洲的大片土地之后，推广西班牙语，禁止这种"土话"，使之日渐消失，从此该地区的民族文化也被割断，唯独这种语汇中"巧克力"一词被世人留传下来，它的本意是"（神送给人类的）苦水"。巧克力的主要原料是可可豆（简称可可），原来是美洲人的一种清内热的药剂（水），这恐怕是读者始料未及的。后来，巧克力经过许多年演变，由液体加工而成固体。其间有多种原因，与经济、技术以及人们的口味密切相关。

可可豆来自可可树上结的果实（豆荚）——它呈长椭圆形状，种子埋藏在胶质果肉中，通常有 30 ~ 40 粒（生豆）。每粒可可豆呈卵形或椭圆形，颜色由浅黄色到深紫色。可可中含有脂肪 50%，蛋白质 20%，淀粉 10%。此外，还含有一些兴奋性的物质可可

可可豆

碱和丹宁酸等。一般是把可可豆烘干，再直接捣碎，便成为可可粉。向可可粉中加入白糖、香精、食用色素等辅料，就调和而成一种褐色的粉末，采取不同的模具就可以加工成各种"巧克力"食品了。

猪爱吃的东西

400 多年以前，在墨西哥这片广阔无垠的土地上，居住着许多印第安人。他们在那里种植玉米、椰子，还有可可树。可可树的老家在南美洲的热带雨林里，野生野长，引种到墨西哥后，适应环境，长势喜人。可可树硕大光滑的叶子在幼年时是红色的，成熟之后变成绿色。野生的可可树可高达 18 米以上（相当于六七层楼房）。

每逢收获季节，可可树上结有暗红色的可可豆。当地的印第安人就把它们采撷下来，砸碎成细粉，装入金杯里，再掺上玉米粒、香料，泡上水，供奉在神像面前，经过三天三夜后，就把它当作治病的"良药"，供身体染疾的人服用。当地人又把这种良药称为"巧克力"。

1519 年，西班牙的探险队乘船来到墨西哥，大肆掠夺印第安人的黄金、宝石、香料，还用"洋枪"滥杀了许多人。探险队的队长名叫科尔特斯，他偶然发现了可可树，千方百计弄明白了做巧克力的一套方法。当他返回西班牙的时候，在船上堆满了抢夺来的金杯、香料、药材，还有大量的可可豆。

帆船回到了马德里之后，把一切安顿就绪，科尔特斯就急不可耐地向西班牙人宣扬："请大家快来买吧，这可是神仙才能吃到

的东西。"然而，事与愿违，周围的市民吃不惯那种讨厌的苦味，谁也不愿意购买。没有办法，科尔特斯只好让人把那堆积如山的可可粉统统地送往饲养场喂猪去了。他哪里知道，人不喜欢吃的东西，却是猪的最爱。

在静悄悄的猪场里，几只猪儿舒舒服服地躺着。小眼珠子不停地东张西望，当饲养员把用可可粉捏成的一个个"可可面团"丢进场地之后，一听到声响，就有两只小猪爬了起来，一摇一摆地走过来，先用猪鼻子拱了两下，不一会儿，便大口大口贪婪地啃起来。其他几只大猪看见小猪吃得挺高兴，也都起身赶了过来，还发出"嗷、嗷"的叫声，你一口我一口，很快便把"可可面团"吃光了。猪儿们还抬起头，用恳求的眼光四处观看，好像在说："真好吃，行行好吧，再来一点！"

不久，饲养场的人发现，吃过"可可面团"的猪体重增加很快，而且"精气神"有了明显的提高。这个情况立即引起了人们的关注，既然猪特别爱吃，人又爱吃猪肉，人类是不是有可能也爱吃它。众人一致认为，问题可能出在口味上，一定要做必要的补充和调整，于是可可粉便又被人请回到厨房。戴高帽子的厨师们一个赛一个，玩着各式技法，向可可粉里加糖、加奶、加蜂蜜等，烤干、切块……

当西班牙人掌握了用可可粉加工制作巧克力的秘诀、巧克力变成了非常畅销的高级食品之后，他们便守口如瓶，期望从中获得更加丰厚的利润。此时，探险队长科尔特斯的发财梦早就破灭，他离开人世已经有很多年了。

世界性的食品

1606 年，有一个意大利的食品专家搞到了巧克力的配方，一举打破了西班牙人垄断巧克力市场的局面。意大利食品界开始对生产工艺进行改进，生产出巧克力糖豆、巧克力蛋糕、巧克力面包等新产品。这使他们生意兴隆，财源滚滚，日进斗金。对此，西班牙政府向意大利有关当局提出了强烈的抗议。

1763 年，英国人不甘落后，也开始开发巧克力食品。他们独具匠心，打消顾忌，反其道而行之，居然向牛奶中添加可可粉，使其味道更加鲜美，制成了风靡一时的"牛奶巧克力"。英国人还创制了巧克力的系列新食品，受到社会各界人士的欢迎。

1796 年，法国皇帝拿破仑率兵入侵意大利，他俘虏了一些会做巧克力的技师，强迫他们为法国人服务。拿破仑对巧克力特有兴趣，说它既有营养，又能提神。他下命令让士兵上前线打仗时，每人都要吃点巧克力、带点巧克力，认为这样会使军队作战更加勇猛、所向披靡。

与此同时，拿破仑手下的官员还利用演讲、报纸等，向法国人普及有关巧克力的常识。巧克力的熔点在 36℃ 左右，是一种热敏性强的食品。因为可可内含有一种可可黄油，它在常温下是固体，但一到 37℃ 就开始熔化，而人体口腔温度是 37.5℃，所以巧克力有"只熔在口，不熔在手"之说。

巧克力的发热量很大，医生上手术台之前、飞行员起飞之前、运动员比赛之前如果能吃上几块，身体就能保持持久的旺盛精力。据报道，美国、苏联的航天员在乘坐飞船或航天飞机遨游太空时，巧克力是必备的食品之一。

小学生们经常吃一点巧克力，只要适量，能增强体质、提升记忆力。一般而言，纯巧克力的保质期是一年，牛奶巧克力及白巧克力存放不宜超过六个月，储存温度应该控制在 12℃ ~18℃ 之间，相对湿度不高于 65%。打开包装后没有吃完的巧克力，必须再次用食品保鲜膜包好密封，置于阴凉、干燥及通风之处，并且以温度恒定为佳。

12　　　帮助口腔做体操——口香糖

◇ ·················

　　许多人都十分喜欢咀嚼口香糖。有的电视广告上说，嚼口香糖有生津、润喉、洁齿、解闷等一大堆的神奇效果。这是真还是假？各人看法不一。然而，有一点倒是可以肯定：想当初，口香糖的发明者最早的确是把这种东西当成药品来兜售的，后来才由药品变成了"准食品"，继而又成为食品了。这到底是怎么变化的呢？

口腔丸的来历

　　有一位墨西哥人名叫桑塔·安纳，此人原任军职，在他的防区内一是有一大片人心果树林，二是生活着一些土著印第安人。这里有一个特殊习俗，墨西哥的印第安人常把人心果树干上分泌出来的一种树胶，搓成小小圆球形，然后放入嘴里咀嚼，借以解闷、清除牙垢和脏屑，最终吐出、扔掉。印第安人把它称为"口腔丸"。

　　当时，墨西哥人对口腔丸并无兴趣，看见地上到处吐出的白色树胶玷污路面，很不以为然。安纳下令要爱清洁，动员防区的人不要嚼这种不卫生的东西。他也懒得过问这种树胶有什么用处。

　　后来，安纳被上司派去打仗，结果成了美国军队的俘虏。不久，他被遣返回到了墨西哥。为了维持生计，安纳想法子做点生意。他看见人心果树上分泌树胶，这个"外行"误以为它可以代替橡胶（乳胶）。

橡胶工业始于19世纪初，1820年英国人汉科克发明了第一台炼胶机，为橡胶的工业化奠定了基础，此前人们只能用浸渍的方法来加工橡胶，以乳胶为原料，做一些简单的浸渍制品如鞋套、垫板等。

1839年，美国人查尔斯·固特异在无意中发现"硫化"橡胶现象，这对橡胶工业而言是一次革命，因为橡胶经过硫化后，不仅性能大大改善，而且产品的寿命也显著延长。次年，美国橡胶工业兴起，急需大量的原料用来生产传送带、轮胎等等。于是，安纳就东借西凑了一些钱，在墨西哥购买了一大批树胶，想借此发一笔大财。同时，他又设法找到了一个美国人亚当斯，两人合伙经营，联系买家。

亚当斯傻眼了

当安纳把一大批人心果树胶运到了美国以后，经过专家鉴定，才发现这批树胶不是橡胶，完全不符合橡胶工业的要求。这一闷棍打下来，把安纳和亚当斯打懵了。糟糕！欠了一屁股债，怎么去还呢？安纳一看情况不妙，跑了。

眼望着仓库里堆满的树胶，亚当斯坐立不安。他苦苦地思索着：它们是废物吗？到底能有什么用？突然有一天，正当亚当斯实在想不出什么好办法，处于绝境之时，他的小儿子跑来嚷道："爸，我要吃糖！"亚当斯很不耐烦地问道："什么糖？"儿子张开嘴用手指了指口腔……

亚当斯顿时眼睛一亮，突然想起了安纳曾经告诉过他，从前墨西哥的印第安人常把树胶搓成圆球形，放在嘴里咀嚼。那么，第一，证明这种树胶是无毒的；第二，树胶放进嘴里咀嚼，对保护、清洁牙齿有作用；第三，嘴里不停地咀嚼，还可以解闷。于是，亚当斯就找来几个朋友，一起商量加工制作了一批小圆球，仍称它为"口腔丸"，然后送到附近的药店代售。

跟原来的愿望相反，这种口腔丸的"运气"实在不好，没有几个人愿意买来试试。药店老板只好把一袋袋口腔丸"原物"奉还。这犹如雪上加霜，亚当斯几乎绝望，他病倒了。

小孩子帮大忙

1870 年，就在亚当斯躺在病床上胡思乱想的时候，一位不速之客——美国儿童用品推销商里力来到家里探望。这个非常善于经商的小伙子听了亚当斯的诉说之后，说出了一句耐人寻味的话："小孩子爱动，手不停、脚不停，再来一个嘴不停，行不行？"里力决定以儿童为对象，作为推销口腔丸的突破口。他投入了资金，与亚当斯共同做了改进，向人心果树胶加入糖和香料，把球状压扁成片状，外加五颜六色的包装纸。他们成立了亚当斯糖果公司，并正式定名为：口香糖。

一切都准备好了。里力拿起电话簿，挨个给每户家庭打电话。如果家里有几岁以下的小孩子，立即送去四块口香糖，"请小朋友品尝，提出宝贵意见"。第一天，一口气送出了 150 户，发出了 600 块口香糖。第二天，第三天……几天以后，这一招果然奏效了，求购口香糖的电话铃声响个不停。

小孩子互相交流嚼完口香糖的感觉，并认为时不时地让口腔"做操"才有派头。从此，口香糖的销售之门被一群群的小孩子敲开了。聪明的里力并不罢休，他又想出了一个新招：回收包口香糖的糖纸！如果有哪位小朋友收集了一定数量的糖纸（破损的除外），寄回亚当斯糖果公司，那么便可以收到相应量的口香糖作为回报。

孩子们为了得到更多的糖纸，除了自己买口香糖外，还要"鼓动"哥哥、姐姐、爸爸、妈妈，甚至更多的亲戚们也一起来嚼口香糖。这样一来，你嚼我嚼大家嚼，口香糖的销售量直线上升。在不长的时间里，口香糖已经成为风靡世界、十分热门的食品了。

不过，在这里应该提醒嚼口香糖的朋友，要注意两点：第一，千万不要向地上乱吐嚼完了的口香糖，粘在地上很不好清扫。正确的方法是用一小块废纸或者包装口香糖的纸把它包起来，再扔到垃圾箱内。第二，掌握好嚼口香糖的时间，最好是每次吃完饭或吃完零食以后咀嚼，可以预防龋齿。嚼糖的数量一天别多于 5 块，一次咀嚼不超过 15 分钟。

链接：口香糖越嚼越饿

专家建议：口香糖在空腹或者饥饿时不要嚼；生病卧床时不要嚼；有胃病者也不要嚼。因为长时间咀嚼口香糖，会反射性地分泌大量胃酸，还会使消化酶增加。

13　夏天的口福——冰淇淋

◇ ⋯⋯⋯⋯

　　冰淇淋，它的英文是 ice cream，前边的一个词 ice 中文是冰的意思，后边"淇淋"是乳酪（cream）的译音，这是一个音意合译的名词。它是一种以冰和奶、糖与其他辅料混合制成的冷冻食品。很多人以为这是欧洲人吃的东西，是一种"舶来品"，其实，这个判断是不对的，因为他们对冰淇淋的历史还不十分清楚。

　　世界上最早的冰制冷冻食品——冰淇淋，它在我国古时候被称做斩冰、奶冰、冰酪、雪花酪等，后来通过来到"东方之都"的访客（如意大利人马可·波罗），西方人才了解了这种夏天吃的冷冻食品是多么的"够味"。于是乎在传到了欧洲之后，西方人不管三七二十一，不论夏天、冬天，随时随地都会吃它。所以，你应该知道，第一，冰淇淋是中国人发明的；第二，冰淇淋原本是供夏天吃的冷冻食品。那么，冰淇淋是怎样从中国传到欧洲，又从欧洲传回中国的呢？

周朝帝王爱吃冰

　　三千多年前的周朝时期，周武王姬发是中国历史上有名的仁君之一，他继承其父周文王遗志，重用姜子牙为国相，联合八方诸侯，消灭暴主商纣，功绩显著。他的故事多见于华夏古典小说《封神演义》的描述当中。周武王的武功好，力气过人，但因身体容易出汗，故特别喜好冷食。尤其是到了夏天，为了消暑，武王身边的臣子让奴隶们把冬天深藏在地窖里的冰取出来，敲碎，再拌上一些甜果，供武王享用。《周礼·天官》中记载："凌人掌冰，正岁十有二月，令斩冰。"注意，这里说的"斩冰"，可能就是最初的"冰淇淋"。

秦汉以降，官府中都设有专门取冰用冰的官员，职务名为"凌人"。到了唐朝末年，京城长安市上就有叫"斩冰"的冷食供应。杜甫在《槐叶冷淘》一诗中曰："经齿冷于雪，劝人投此珠。"后来，人们在生产火药时开采出大量硝石，发现硝石溶于水时会吸收大量的热，可使水降温到结冰，从此人们可以在夏天制冰了，还出现了一些做买卖的人，他们把糖加到冰里吸引顾客。到了宋代，市场上冷食的花样就多起来了，商人们还在冰里加上水果或果汁。元代的商人甚至在其中加上果浆和牛奶，取名奶冰，这和现代的冰淇淋已是十分相似了。元世祖忽必烈还下令，除王室之外禁止民间随便制作冷食出售。一时间，"冰酪"成为皇宫的特供品，一般老百姓是无权品尝这种冷冻食品了。不过，常言说得好：食品不分地界和国界，很快地，这种专制命令变成了一纸空文。一种便宜的冷食——雪花酪，迅速地在民间流行开来。

马可·波罗的功劳

在欧洲和其他地方，起先在人们的眼里根本没有冰淇淋这种冷食。直到13世纪，意大利的旅行家马可·波罗从遥远的东方古国归来。他在《东方见闻录》一书中说："在东方的'黄金大国'（指中国）里，人们爱吃奶冰。"于是，意大利人便模仿着做这种"奶冰"，并且按照中国人的老规矩，只许在夏天吃。据说，如果冬天吃的话，会引起肚子疼、"拉稀"等不良反应。

后来，有一个叫夏尔信的意大利人，在马可·波罗带回的配方中加入了橘子汁、柠檬汁等，被称为"夏尔信"饮料。不过，夏尔信本人一而再地宣称，这种饮料是从中国奶冰直接传下来的，虽然可以叫它冰淇淋，却是纯粹的"中国口味"。

1553年，法国国王亨利二世结婚的时候，从意大利请来了一个会做冰淇淋的厨师，他做出来花样翻新的奶油冰淇淋，使法国人大开眼界。不过它的制作配方是极其保密的，法国人喜欢吃它，却不知道如何去做。后来，一个有胆量的意大利人居然把做冰淇淋的秘方传到了法国。1560年，法国人尊敬的皇后卡特琳娜的手下有一名厨师，为了给这位皇后换口味，发明了一种半固体状的冰淇淋。他把奶油、牛奶、香料掺进去再刻上花纹，使冰淇淋更加色泽鲜艳、美味可口。从此以后，冰淇淋的种类越来越多，成为大家所喜欢的一种冷冻食品。

贵族餐桌加冷品

继意大利人和法国人对冰淇淋产生了极大兴趣以后，相邻的德国人和奥地利人也对冰淇淋钟爱有加。1625年，英国国王查理一世为了能吃到这种美食，不惜出高价从法国聘用专做冰淇淋的点心师。国王每次举行宴会，规定在主菜、甜品之后，最后的一道"美食"就是冰淇淋。于是，从法国传入的冰淇淋很快便成了贵族餐桌上的美味佳肴。这种西餐的进食礼仪一直流传到今天。

在冰淇淋的发明专利中，许多人都做了不少的努力。素来喜欢将一些最不搭界的食品拌在一起吃的意大利人发明了多色冰砖，还在冰淇淋里面加了水果、核桃、甜酒，组成了杂拌冰淇淋。巧克力冰淇淋的发明权则应该归属奥地利人。

1776年美国宣布独立，首任总统华盛顿对冰淇淋存有极大兴趣。他在一些场合感谢外国移民将冰淇淋的配方带到了美国，并鼓励他们发展冰淇淋产业。到了19世纪，由于发明了冰箱，也掌握了采冰和藏冰的办法，冰淇淋得到很大普及。1904年，在美国的圣路易斯举办了冰淇淋国际博览会，会上展出了第一台生产维夫饼干杯子的自动机器，于是便出现了称为"冰淇淋蛋糕"的杯装冰淇淋。四年之后，又出现了冰淇淋冰棍。

冰淇淋又回来了

时光转眼又到了19世纪末叶，由于腐败、荒唐、无能的清朝政府丧权辱国，让许多帝国主义的魔爪伸向华夏大地。割地、赔款……一大堆不平等条约，压得中华民族透不过气来。

此时，在上海、天津、汉口、广州等大城市的"租界"里，随着西方生活方式的窜入，冰淇淋等"洋食品"大摇大摆地坐上了"主座"。人们早已遗忘了中国传统的奶冰、冰酪、雪花酪，代之以冰淇淋，并误以为这是"高鼻子"发明的新冷食。

今天，几乎世界上所有国家都在生产冰淇淋，它成为深受欢迎的一种大众冷食。不过，需要提醒大家：冷食好吃，可不宜多吃哟。

14　意外的收获——蛋卷冰淇淋

◇ ....

我们生活的世界，是多种"要素"组合的结果。由于许多"东西"都是化学元素的不同配置，因此每一种生产力的诞生便有了不同的比例。偶然的成功固然值得庆幸，但人们在多半情况下要想获得"创意"，仍然有赖于精细的思考和盘算。期望脑子里凭空迸出一个发大财的"神机妙算"，无异于痴人做梦。在这里讲一个蛋卷冰淇淋发明的故事，或许会对我们有所启发。

卖鸡蛋饼的奇遇

100多年以前，有一个从叙利亚移民到美国制作糕点的小商贩，他的美国名字叫汉威。他把面粉、鸡蛋和牛奶放进盆里搅匀后，放到平底锅上烙成薄饼。烙完了就大声地叫卖："快来买呀，刚出锅的鸡蛋饼，趁热真好吃！"可是，不知为什么，来吃鸡蛋饼的人并不多。他辛苦劳累了一天，没赚几个钱。汉威觉得，到了美国，并不像他以前想象的那样遍地是黄金，他的糕点在西班牙卖和在美国卖，也没有多大区别，心里很不是滋味。

1904年的夏天，在美国圣路易斯安那州举行了一次世界博览会，游人特别多。有个朋友对汉威说："到博览会去卖吧，那里的人多，生意会好做一点。"汉威想：反正碰碰运气，去一去也行。他把售货车推到博览会会场外边，开始做鸡蛋饼卖。说也凑巧，在他旁边是一个专卖冰淇淋的车摊。那时候，做出来的冰淇淋是盛在小碟子里卖给顾客吃。由于天气炎热，冰淇淋的生意非常好，人们排着队争相购买。而汉威的鸡蛋饼积压了一大摞，还是没人伸手去买它。

正在汉威感到失望，不知怎么办好的时候，忽然听见卖冰淇淋的商贩连声喊道："女士们、先生们，实在抱歉，小碟子不够用了。请等一等，等一等！"汉威灵机一动，顺手从自己摊子上捧起一摞鸡蛋饼递过去，很客气地说道："来，请用我的鸡蛋饼代替碟子吧。大家还可以连它和冰淇淋一块吃掉。"结果，把冷的冰淇淋和热的薄饼巧妙结合在一起，意外地受到了顾客们的热烈欢迎。有人说："这下子可节省了不少时间，比拿碟子吃还方便许多！"还有人说："嗯，这样吃味道更好了。"这件意外的事给汉威留下了深深的记忆。鸡蛋饼加冰淇淋还被评为该次博览会的明星食品——蛋卷冰淇淋，由此而诞生了。

蛋卷冰淇淋之争

几年之后，汉威成立了汉威食品有限公司，申请了专利，大量生产圆锥形蛋卷冰淇淋。这种食品又便宜、又好吃、又好拿，投放市场后大受欢迎。可是，好景不长，就其发明权，引起了圣路易斯人都感到非常尴尬的一场争论。有人指出，早在圣路易斯世界博览会开幕的数月以前，即1903年9月，有一位名叫马奇洛尼的纽约人就已经获得了制作蛋卷模具的美国专利。而且自1896年以来，马奇洛尼就推着手推车在街上贩卖蛋卷柠檬碎冰等冷食。可见这种锥形冰淇淋——变为现在的蛋卷冰淇淋，并非什么新的发明。有人这样假设，如果当初两个商贩不靠在一起，那么今天我们也照样能吃上蛋卷冰淇淋。

更出人意料的是，又有一位名叫杜默的商人出面，向报界宣称：在1904年的世界博览会上，他曾用极其简单的方法制作出

"甜筒"（即蛋卷冰淇淋）——把一勺冰淇淋加入到锥形的奶蛋饼的"格子"中，并且在每天晚上卖给聚集在博览会娱乐区消遣的销售商和客人，吃的人还不少。所以，汉威的发明实在是"无稽之谈"。几乎同时，在新泽西州经营着数间冰淇淋商店的一个名叫艾夫约的土耳其人，也声称自己才是蛋卷冰淇淋的发明人，其他人都是一些"沽名钓誉"者。他举出的一个重要理由，是他于五年前就掌握了制作法国蛋卷冰淇淋的做法。

到底谁是蛋卷冰淇淋的发明者？虽然众说纷纭，但是，可以肯定的一点是，蛋卷冰淇淋的成名确实是在 1904 年的圣路易斯博览会，人们赞美它为"最无与伦比的世界博览会"。是的，蛋卷冰淇淋就在我们不经意间诞生了。值得一提的是，汉威从一个小本经营的商贩直到成为一位腰缠万贯的老板，其契机是通过卖出一种小小的食品，抓住了市场，赢得了顾客，使得这一发明开花结果，一方面为社会提供了服务，另一方面自己也因此发了大财。

15 不让细菌捣蛋——罐头

◇ ·····················

罐头——这是一个很奇怪的名词，英文 tinned food 的译文叫做罐头食品。如果把 tin 按音译便是"听"，因此，罐头的计数单位不是一个、一块、一支、一盒，而是"一听"（罐头）。tin 是什么意思呢？它在化学上是指金属锡，转意为用"镀锡合金"（俗称马口铁）做成的密封容器。

罐头是一类食品的统称，种类很多，如肉食罐头、水果罐头、蔬菜罐头等。罐头食品的主要特点是：经过处理、装入容器后能耐久贮藏、随取随吃，它又是保存时间长、便于运输的一种方便食品。制作这种食品的主意到底是什么时候由谁想出来的呢？

阿尔贝卖果汁

1804 年，在法国首都巴黎有一家食品店，还兼营水果。店主是一位老实巴交、不善言词的胖老头，名字叫阿尔贝。他卖水果时，还可以代客加工果汁。亚洲人与欧洲人吃水果的方式不一样，前者是"啃"；后者是"喝"。阿尔贝把水果挤出果汁、扔掉渣子，再把果汁装进玻璃瓶，交给顾客带回家去。由于大家都很喜欢喝，老板赚了点钱当然也高兴。

有一次，顾客因为临时不方便，不能带走果汁，就请阿尔贝代为保存。谁知没过多久，由于天气炎热，果汁起了变化，不能喝了。为了解决果汁变质的问题，他做了多次试验，结果发现，如果直接把一瓶密封的果汁煮沸，果汁就长时间不会变坏。这个办法还真灵，但是为什么煮沸后的果汁不变坏？阿尔贝搞不清楚，他也不想搞清楚。

拿破仑的悬赏

1809 年，法国皇帝拿破仑一世为了防止国内人民革命，动摇统治基础，对外不断地发动侵略战争。那时候，在欧洲的原野上，战马嘶叫，尘烟滚滚，拿破仑率领的大军铺天盖地奔袭过来。有一天，拿破仑站在一幅巨大的地图面前思索着，他自言自语地说："不行，不行，我们的进军速度太慢，太慢！"身边的侍臣听到了，小声言道："陛下，我们不能再快了。"

"为什么?!"拿破仑有点不高兴。

"士兵们太饿了！而且缺乏营养。"

"为什么？我们有很多食品、很多肉呀！"拿破仑反问道。

"没法子，我们带来的肉因为不好保存，都腐烂变质了！而且有很多士兵吃了腐烂的食物已经生病了！"

"是啊，不能这样下去了！"拿破仑忧心忡忡地说。

"陛下，如果这些肉、蔬菜、水果不腐烂就好了！"

拿破仑想了想，挥动了一下手臂坚定地说："传我的命令，凡是发明使食物不腐烂、不变味又方便携带的储存方法的人，将会受到统帅部的嘉奖，赏金为 12000 法郎！"

消息很快传遍了巴黎。法国军队的军需部门也按照皇帝的旨意，四处

罐头的发明人

寻找"能人"。为了夺取这笔巨额的赏金，许多人跃跃欲试。由于阿尔贝具有储存果汁的实践经验，又有"罐装密封、加热杀菌"的技术，很快地解决了食品储存几个月内不会腐烂变质的问题，因此而获得了这笔赏金。于是，他便利用这笔钱开起了罐头工厂，批量生产瓶装罐头。

巴斯德的贡献

一开始，阿尔贝所生产的罐头，依他的老法子用的是玻璃瓶。这种容器比较重，同时在运输和使用中也容易破碎，很不安全。针对这些缺点，一年之后，即 1810 年，英国人杜兰德发明了用"马口铁"作为罐头的封装材料。他先把装入食品的马口铁罐进行高温消毒，然后趁热将罐头盖焊牢、封好。这样一来，铁皮罐头便成功生产出来了。

在很长的一段时间里，人们对罐头的制作原理并不十分清楚。早在 17 世纪时，意大利的生物学家雷迪就发现，食物之所以腐败变质，是出于"外因"。因为空气中存在大量的、肉眼看不见的微生物——就是我们通常说的细菌，它们会钻进食物表面进行繁殖，加速了食物腐败。如果通过加热煮沸，微生物就会被杀死。这个发现为人们保存食品提供了一个不错的方法。

然而，与这个看法不同，英国的科学家尼达姆认为：食物之所以腐败变质，是出于"内因"。微生物是自然产生的，食物本身就存在着不少细菌。为了证明自己的说法正确，他把肉汤装在一个玻璃瓶内，将瓶口密封。放在一个温暖合适的环境里，经过三天（72 小时）之后，打开瓶子，取样化验，在显微镜下看见了大量的细菌。尼达姆说：食物中细菌繁殖的结果直接导致了食物的腐败变质。

这两种不同的认识延续了一段时间。到 1864 年，法国的生物学家巴斯德以大量的实验数据来证明，尼达姆错了，细菌不是从食品中自然产生的，而是从空气中进入食物中造成的。如果事先将空气中的细菌加热杀死（或者采取以后发明的真空技术），那么煮熟了的食物就不会腐烂变质，从而能够保存较长的时间。这就从科学上肯定了罐头食品的可靠性。为妥善起见，世界各国对罐头食品的保质期都有明确的规定（我国有关部门规定，一般不应超过 2 年），这就是在一定范围内（密封的罐头空间），不让外来的细菌捣蛋。

　　现在，罐头食品已经牢牢地进入到我们的生活中。不论是在出外旅游、友人聚会，或者是极地考察、宇宙航行中，罐头都是我们需要结伴的物品之一。罐头的发明也是人类幸福生活的一个标志，它给人们带来了更多的口福与欢乐。

16   饥饿催生的灵感——方便面

◇ ....

"方便面"——这是中文译名，起初它的日文原名叫"即食拉面"。这种面条现在也是大家都十分熟悉的一种食品，不论平时外出旅游，或者是抢险救灾，在炊事条件不具备的时候，它都是大多数人喜欢吃的一种东西。可是，你不一定知道它是谁发明的，又有什么样的发明过程吧？请看下面的故事。

街边的遭遇

1957 年冬天的一个早晨，天气特冷，滴水成冰。在日本大阪府池田市的一条小街上，有一个中年人东张西望、漫无目标地拖步行走。他姓安藤，名字叫百福，是一名失业人员。此时，安藤先生的空肚子正在"咕咕"作响，很想吃点什么东西。他回头一看，只见路对面有一个卖拉面的摊铺。日本人叫"拉面"，就是中国人叫的面条。显然因为时间还早，锅里水还没有煮开。但是，摊铺前却已经排起了一条"长龙"，人们在寒风中眼巴巴地等待着拉面出锅。为了吃上一碗热面条，排队的人冻得哆哆嗦嗦，十分辛苦。站在拉面摊铺前队伍中的安藤，心里想着要是有一种面条，只要用开水冲一下就能吃上，大家一定都会喜欢、都会高兴的。

　　饥饿的感觉催生他看到了商机：生产拉面的想法时不时地在他的大脑中闪动。面条要一锅锅煮，一碗碗调味，既麻烦又费时间。还不如把面条先弄熟了，放在碗里加上佐料和开水一冲，泡它三五分钟，一碗省事又可口的热乎乎的面条不就成了么？他越琢磨越觉得在理，脑子里浮想联翩，经常难以入眠。从此，就开始了他与方便面的不解之缘。

动手搞试验

　　第二年，即1958年春天，安藤在大阪自家住宅的后院建起了一个不足10平方米的小木屋，因陋就简，就当成"实验室"吧。他找来一台旧的制面机，修理修理，凑合能用。又借钱买了一个直径为1米的大炒锅以及面粉、食用油等原料，一头扎进木屋，起早贪黑地开始了方便面诞生前的种种实验工作。

　　做面条看起来很简单，实际上原料调配非常微妙，偏巧安藤既摸不到"门槛"、又不得要领，这就给他的实验带来了许多困难。他在制面机上做试验，结果压出来的面条不是软软沓沓，就是黏黏糊糊。他做了扔，扔了又做，一次又一次地失败。"可能有100个理由要我别干了，但有101个理由要我接着做下去。"安藤后来回忆时这么说。

　　试验让安藤本人几乎有点痴迷了，在他脑子里时时刻刻都想着怎么做好面条，甚至连做梦也在加水、和面、压皮……不怕麻烦，毫不动摇，初衷不改。有一次在饭桌上，安藤夫人做了一道油炸拌面菜，他吃了一口，便问道：

　　"菜上裹的什么？"

　　"面粉呀？"夫人随口回答。

　　安藤说："快点下厨再做一次，让我看看……"

　　他猛然之间从中领悟了做方便面的一个诀窍：油炸。因为面粉是用水调和的，在油炸过程中水分会受热蒸发，所以油炸面制食品的表层会产生无数的小洞眼。加入开水后，就像海绵吸水一样，面条会迅速地变软。这样一来，如果将面条弄熟后使之着味，油炸后使之干燥，就会制出能够保存、可用开水冲泡的面条了。这种做法被他称作"瞬间热油干燥法"。

　　安藤家的后院喂养了一些鸡，经常被捉住用来做菜。有一天安藤夫人在下厨时，将斩割后的鸡扔在一边。原本要断气的鸡突然跳了起来，把正在旁边玩耍的儿子安藤宏基吓了一大跳。从此之后，安藤宏基就再也不吃鸡肉，甚至连以前喜欢吃的鸡饭也不吃了。可是，有一天安藤的岳母把鸡汤放在拉面里，儿子居然吃得很香。就在这一时刻，安藤决定在制作方便面时使用鸡汤。"从饥饿催生的灵感、老婆做菜激发的油炸方法、儿子怕鸡引出鸡汁调料，这三个因素的融合产生了丰硕的成果，"安藤继续说，"现在回想起来，这个决定是合理的。在方便面打入国际市场后，发现有的地方不吃别的肉食，但是还没有发现不吃鸡肉的国家。"

终于成功了

　　第一包鸡肉方便面于 1958 年问世。同年，安藤将原来的株式会社易名为日清食品公司。其后，安藤又聘请一批食品专家和技术人员，研制开发了多种口味的方便面。1968年，日清王牌产品"出前一丁"方便面诞生。1971 年，日清首次推出杯装（后来又有碗装、桶装）"即食拉面"，随即风靡全球。目前，日清公司每年的销售数量约为 100 亿包方便面、金额超过 3000 亿日元。

第一包方便面

　　在日本，这种面开始叫即食拉面、雏鸡拉面，译成中文才叫成方便面，又称速食面、即食面、公仔面、快熟面、泡面等。它被日本人评为"20 世纪最伟大的发明之一"。安藤设想的方便面，是一种加入开水后泡几分钟就能食用的速食面条。他为此制定了四条标准：第一，味道良好、百吃不厌；第二，不用烹调，简单方便；第三，老少皆宜，价格低廉；第四，安全卫生，保存（时间）长远。

由于安藤对食品业的贡献良多，他于1981年获得了美国洛杉矶市政府颁发的荣誉市民奖；巴西和泰国也分别于1983年和2001年表彰了他的功绩。在日本国内，政府更是于1999年在大阪市建立了"方便面博物馆"。安藤百福的一生，好像是一条弯弯折折的曲线。每当他遭遇挫折、失败之后，不是死守一方，而总是像流水一样顺势而行，不断地寻找新的出路。而正是这种随遇而安、随机应对、随和从善的性格和品行，成就了安藤百福辉煌的人生。

链接：

安藤百福是日籍中国人，祖籍台湾，本名吴百福，1910年3月5日出生于日本占领时期的台湾嘉义（县）。自幼双亲早亡，一直由祖父母抚养。1933年，23岁的安藤百福到日本发展，1934年进入立命馆大学专门学部经济科学习，同时半工半读。他一生坎坷离奇，两次因债务入狱，三次结婚（前两任妻子皆为中国台湾人，第三任妻子为日本人）。后来专心致志开发方便面，在事业上取得成功。个人喜好：吃面条、打高尔夫（球）。曾任日本日清食品公司董事长，被人

安藤百福

誉为"方便面之父"。于2005年6月1日95岁时退休，离开他亲手创办并为之奋斗了50年的公司（继任者是儿子安藤宏基）。2007年1月6日，因心脏病逝世。

17　　"神水"怎么变饮料——咖啡

◇ ⋯⋯⋯⋯⋯⋯

　　有人说，世界上有一种饮料有着卓越的提神功效，被称为"绿色的金子""天赐的神水"。你猜猜看，这是什么呢？不错，这就是咖啡。它与茶叶、可可一起被誉为全球的"三大饮料"。然而，说来话长，从发现咖啡到把它变为饮料，以及推广咖啡却经历了漫长而崎岖的历程。

平步登云

　　关于咖啡由来的传说有好几种，其中较为人熟知的是"牧羊人的故事"：公元9世纪，在非洲东部的埃塞俄比亚，某一天，有个牧羊人赶着羊群路过一片咖啡树林。在歇息的时候，有几只羊吃下了咖啡树上掉下来、经过日光曝晒后的几颗褐色的咖啡豆，之后便蹦跳不停，显得十分兴奋。牧羊人好生奇怪，又有点害怕。于是，他便捡了一些，放入布袋里带回家去。随后，他向教堂的神父求助，神父在细心地观察羊群几天后，发现羊群是吃了这种树的成熟果实（取名咖啡豆）。神父自己也捡了几粒放入口中，咀嚼后顿觉神清气爽。他又把咖啡豆砸碎，加些水泡一会，喝了感觉更好。自此，神父将它称为"神水"。以后，每当牧羊人放牧，走到困乏想打瞌睡之时，他就用"神水"来解盹儿。有个阿拉伯商人打听到这个"秘密"，就用咖啡豆来煮羊肉汤叫卖，居然很受欢迎，轰动市井，赚了一些钱。从此，打开了咖啡慢慢转身成为饮料的大门，尽管只是一条小小的"门缝"。

13世纪，埃塞俄比亚的王子拉斯·塔特听到一则消息：有个商人说，有一次，他的骆驼队在运输的途中，同样是路过一片咖啡树林，有几峰骆驼啃了树上掉下来的褐色的咖啡豆，突然变得兴奋异常。王子突发奇想，命人去取来尝尝。放入嘴巴里，口感很是苦涩，他便随手扔进旁边的壁炉中。过了一会儿，从炉内飘出一股沁人肺腑的清香。王子命人取回，又把它砸碎泡水，试着让几个仆从喝下，问他们感觉怎样？结果，喝过的人都连连摇头。

17世纪，咖啡传到了法国。有人将咖啡豆炒熟、粉碎、用水煮沸，再加糖，制成了一种醇香扑鼻的饮料，奉献给国王品尝。国王望了望银杯子里边的浓褐色的液体，用嘴唇轻轻碰了一下，随口说了一声："嗯，可以嘛！"贵族们听了如获至宝，奔走相告，喝咖啡之风立刻吹向社会。没几天，巴黎的大街上就打出"咖啡厅"的巨型招牌。一时间，喝咖啡成为当时最最时髦的事情。一些高贵的夫人和娇滴滴的小姐也吹嘘：哎呀呀！不得了啦，喝了咖啡，跳华尔兹舞通宵不困也不累，真是太神啦。

由于当时法国不产咖啡，全都依赖进口，数量有限。因此，咖啡不仅价格昂贵，而且属于"特供品"。那年月，别说平民百姓不敢问津，就是有钱的富翁也不一定能喝得上。只有那些有权势的达官贵人、皇亲国戚才是喝咖啡的常客。

险遭厄运

有一年，不晓得是哪一个咖啡经销商得罪了法国政府大臣柯尔伯。他一生气，便在报纸上发表文章写道：有人以为喝咖啡是殊荣，是享受，这是错误的，其实咖啡的坏处多着呐。喝咖啡会刺激肠胃，搞不好会引起胃疼。喝咖啡虽可提神，但也会使人烦躁、发怒。如果在法兰西帝国境内不禁止贩卖咖啡，长此下去，必然会影响国民的健康。咖啡，应该停止出售！

接着，法国的一位公主也出面宣称：咖啡绝不是什么好东西，跟洗烟斗的脏水一样难看，味道苦涩得叫人想呕吐，再也不打算喝了。与此同时，巴黎的一些妇女也被人组织起来上街游行，高举大横幅，反对喝咖啡。事情越闹越凶、越闹越大了，国王终于下了命令：查封咖啡厅，再也不允许进口咖啡了。

虽然市面上似乎没有咖啡生意可做了，暗地里咖啡仍在不断地走私到法国。喝咖啡一旦上瘾，就"不可一日无此君"了。许多有钱人家自购咖啡，自煮自饮。为了节省一点咖啡，人们加奶、加糖、加麦片，变着法子转花样，各式咖啡应运而生。后来，西欧的许多国家纷纷出售咖啡，法国人借出境探亲访友之名，跑到国外喝咖啡，造成外汇流失。再后来，法国政府对咖啡之事睁一只眼闭一只眼，假装不知底细，不予干涉，不再追究了。

利大于弊

转眼之间，很多年过去了。人们对喝咖啡的认识也发生了深刻的变化。它根本不是神水，而是一种饮料。在煮好的咖啡中加兑一些牛奶、柠檬、菠萝片或者是白兰地酒，就可调配出不同口味的咖啡来。经过科学家和医生们的大量研究，解决了过去不大明白的一些问题，比如为什么咖啡能使人兴奋，也懂得了咖啡的营养价值以及咖啡对人体的利与弊。这样一来，就抹去了咖啡的神秘色彩了。

由此，人们才真正认识到，原来咖啡豆里含有丰富的脂肪、蛋白质和咖啡因以及维生素等多种成分。其中大家比较关心的是咖啡因，它是好还是坏呢？由于咖啡因具有可以刺激人的大脑皮层的作用，因此人在疲劳时喝点咖啡，既能解渴，也能通过大脑调节神经，使血管收缩，加快血液循环。如果在饭后喝点咖啡，会有助于消化。夏天炎热时喝点咖啡可以防暑，头痛时喝点咖啡能够减轻症状，等等。

但是，咖啡因毕竟是一种麻醉剂，饮用过多，通常会使肌肉变得紧张，对疲劳反应迟钝，引起胃口变坏或会出现便秘，对身体不利。因此，老人和小孩应少喝一点，切忌常喝多喝。咖啡中的营养成分多，只是咖啡因有点"特殊"。为了增进人类的健康，科学家们研究生产出一种不含咖啡因的咖啡来，以满足大家的需要。

链接：

咖啡豆

成熟的咖啡浆果外形像樱桃，呈鲜红色，果肉甜甜的，内含一对种子，也就是咖啡豆（Coffee Beans）。咖啡品种有小粒种、中粒种和大粒种之分，前者含咖啡因成分低，香味浓，后两者咖啡因含量高，但香味差一些。目前，世界上销售的咖啡一般是由小粒种和中粒种按不同的比例配制而成，通常是七成中粒种，主要取其咖啡因；三成小粒种，主要取其香味。咖啡含有咖啡因、蛋白质、粗脂肪、粗纤维和蔗糖等九种营养成分，可作为饮料。在医学上，咖啡因可用来作麻醉剂、兴奋剂等。

18　　饮料大王的奥秘——可口可乐

◇ ⋯⋯⋯⋯⋯⋯

你知道世界上销量最多的饮料是什么吗？对了，就是可口可乐。每天大约有 150 多个国家和地区的 2.5 亿多人次喝这种饮料，真可谓风靡全球！你知道可口可乐是谁发明的？为什么会受到如此众多人们的追捧？

本来是治病药水

首先应该解释一下这个饮料的名称，"可口可乐"的英文是 Coca – Cola，这个中文译名——从翻译标准（信、达、雅）衡量，可算是最好的译名之一。其次，这个英文名字是由发明人彭伯顿和他当时的助手及合伙人会计员罗宾逊共同命名的。第三，Coca 和 Cola 原本是两种树名，前者又称古柯，是指树叶提炼的香料；后者又称柯拉，是指果实取出的成分。它们都是美洲原住民印第安人用来治病的"土药"，属于镇静剂或兴奋剂之列。一般是用它治疗头痛、咳嗽、疲乏等"小病"。

1885 年，美国的药剂师彭伯顿偶尔听到一件趣闻，某一天傍晚，一个声称脑壳疼的病人匆匆赶到药店，要求店员给他临时配杯"止痛水"服用。店员取来了古柯和柯拉的粉末放在杯子里，可巧随手错拿了苏打水瓶。当这杯加有苏打水的"止痛水"被病人喝了以后，病人连声叫好，辞谢而去。这与以往用普通水冲药的情形很不相同，店员也弄不懂这是什么原因。

"为什么会有这样好的效果?"彭伯顿抓住这个问题仔细思考。同时，他还与药店的同事罗宾逊一起讨论，准备从事研究。他们买来了一些药物，拟出计划，关门试验起来。1886年5月，彭伯顿终于配制成功了一种全新的"药水"，取名为"可口可乐"，声称它不但能包治神经疾病，而且具有益气提神的功效。在注册登记专利的时候，说明书上写明的主要内容物有白糖、焦糖、磷酸、咖啡因和可乐香精等，并没有与其他药剂不同的特殊成分。

经营方式不断变化

不久，彭伯顿把"可口可乐药水"推向市场。然而，销售情况似乎不妙，再加上他久病不愈，负债累累，最终不得不把专利卖给了药品经销商坎德勒。当时的卖价才2300美元，实在是低得可怜。坎德勒接手之后，了解到市场的饮料需求量比药水大得多。他巧妙地把原来的糖浆浓缩成糖膏，而这种糖膏的配方是绝对保密的。1892年，坎德勒毅然决然地放弃了做药品买卖的生意，与朋友合伙集资10万美元，成立了可口可乐有限责任公司专营饮料。他坚信广告的威力将为可口可乐打通风行全球的道路，"先赔后赚"，于是下定决心首先大量地分发可口可乐免费赠券，让市民们众口"品尝"—上瘾—"离不了"。接着，又要出了"新招"，凡购买可口可乐10瓶以上者，按一定数量可以抽签得到印有可口可乐商标的纪念品，包括日历、扇子、钟表等等。到了1902年，可口可乐的年销售量居然达到了113万升（相当于装满2600多个汽油桶），同时广告费也高达12万美元。

从19世纪末到20世纪初，美国社会盛行的宗教活动和禁酒运动，客观上也给可口可乐带来了新的机遇。坎德勒通过媒体大肆宣传，可口可乐是"上帝"赐给人间的"圣洁饮料"；是一种消暑清凉、美味提神的饮料；是可以减少或取代部分酒精的饮料。他还让教堂的神职人员帮助推销，利润按比例分成。在一段时间里，大张旗鼓禁酒与请饮可口可乐的口号响遍美国，使可口可乐变成家喻户晓、老幼皆知的品牌了。

可口可乐

1919 年，坎德勒把公司卖给了银行家伍德鲁夫，转让费为2500 万美元，是原来买来专利价的 1 万多倍。早先，可口可乐的销售方式是在柜台上一杯杯地出售。伍德鲁夫看准了家庭、旅游是瓶装饮料的潜在大市场。于是，经过一番筹划、商定、加工之后，从1928 年起开发出玻璃瓶装、铅罐筒装的可口可乐，先后投放市场。同年夏天，第 9 届奥林匹克运动会在荷兰首都阿姆斯特丹市举行。随同美国体育代表团进驻奥运村的有 1000 箱可口可乐，那是伍德鲁夫赞助的。正当人们对美国运动员所戴的帽子和外套上印着 Coca - Cola 的字样还迷惑不解之时，干渴的观众在比赛场地附近的饮料摊和小商店里，发现了印有同一商标的饮料，便蜂拥而至，大掏腰包。可口可乐冲出了国门，从美利坚合众国大踏步地跨进了欧洲。

具有市场生命力

20 世纪中叶，在第二次世界大战烽火连天之时，伍德鲁夫又一次决定："让每一个参战的士兵只花 5 美分就能喝一瓶可口可乐。

不管他在什么地方，也不管这样做对公司意味着什么。"后来，他又给当时的盟军总司令、美国将军艾森豪威尔拍电报，请求调用军队帮助运送可口可乐装瓶机到欧洲。电报中说，如果有困难的话，作为酬劳，可以首次先白送 300 万瓶可口可乐，再每月送两次，每次也是 300 万瓶，直到装瓶机运到时为止。就这样，可口可乐能天天喝，受到了广大士兵的热烈欢迎，也使周围的老百姓亲口尝到了美国口味的全新饮料。

　　随着世界反法西斯战争的节节胜利，可口可乐追随美国军人的脚步，从北非到意大利，从太平洋到易北河，美国士兵和其他盟军沿途一共喝掉了 100 亿瓶可口可乐。历史已经把可口可乐与美国生活方式拴在一起，美国人、欧洲人，以及后来的亚洲人，对这种饮料的感觉和体验成了最为乐道的内容之一了。可口可乐的配方历来被视为最高的商业机密。据称，该配方锁在一个谁也不知的金库里，只有三个人掌握钥匙，他们必须共同到场，采取相应的步骤，才能打开库门。而这三个人的安全受到严格的保护。若其中有一人不测，补任者要经董事会全会一致同意，方能任职。可口可乐公司从创建到今天已经在 160 多个国家和地区设立了装瓶（罐）厂，每天的产量约有 9 亿瓶（罐），在各地分别出售。一百多年来，这个公司的人员上下几代替换，但是它的商标、它的口味，就像它的宗旨一样始终没有改变。

　　可口可乐之所以成为饮料之王（现在有了另一个品牌"百事可乐"与之竞争），销售量占世界饮料市场的一半以上，其原因是具有强大的市场竞争力，从而使可口可乐公司在全球饮料工业中经营了一个多世纪而保持不败的纪录。一瓶可口可乐卖不了多大价钱，但是这个并不起眼的小生意，如今搞成了世界性的大买卖。这个事实充分说明了：任何一项发明要变成物质财富，必须有市场生命力来支撑。当然还需要科学技术的先导作用，此外还应考虑包括社会心理、工商协调、推销网络、饮食习惯等因素。

19 吃饺子的好调料——醋

◇ ·················

俗话说，开门七件事：柴米油盐酱醋茶。可见醋是平常人家每日不可缺少的一种生活必需品了。这里所说的醋，是指北方人吃饺子时的调味品——醋。在我国山西曾经流传过"杜康造酒儿造醋"的说法，是说杜康之子就是醋的发明者。你可知道，醋是由酿酒剩下的渣子变出来的！酒渣子又是怎样变出醋的呢？

杜杼做梦

大约在3000年前，有位名士叫杜康（又称杜少康），他很会造酒，被誉为"酒仙"。杜康的儿子叫杜杼，子承父业，原本是帮着父亲酿酒，干些杂活。当时造酒的原料是高粱，经过发酵、蒸馏之后便得到了香醇可口的清酒，而造酒剩下的渣子叫酒糟，有一股酸溜溜的怪味，杜康常叫他的儿子拿去送给别人喂牲口。除此之外，再也没有想到它还有什么别的用处。

有一年，快过年了，家家都在忙着置办年货。亲友四邻都少不了找杜康帮忙造酒。于是，杜康在临出门之前对儿子杜杼说："我要外出办一些事，你在家好生把这趟酒蒸完，装入酒罐里封好。酒糟由你处理，不必等我回来再做，听明白了吗？"杜杼连连点头。

可是，等酒造完之后，人人都在准备年货，谁也不要酒糟了。杜杼只好把酒糟装进一口大缸，加些水，盖上盖子，等以后再说。虽然他心里还惦记着缸里的酒糟，但是因快要过年了，事情很多，他一忙就把这事忘了。整整过了 20 天，杜杼睡觉时做了一个梦：有位须白的老神仙手执拐杖向他走来，问他要"酸水"（调味汁），杜杼一时摸不着头脑，回答道："我哪有什么酸水呀？"老神仙用拐杖指着泡酒糟的大缸说："这里不就是吗？到明天酉时就可以吃了，已经泡了 21 日啦！"古时候说的酉时，就是下午 5 点钟至 7 点钟的那段时间。

杜杼醒来后觉得这个梦怪怪的。

杜康释梦

第二天快近傍晚的时候，杜康回家了。

杜杼连忙向父亲诉说了这个怪梦，杜康也觉得挺有趣。两人走向大缸，打开缸盖。哎呀，一股酸气冲上来，好难闻！跟过来的家里人都说："快倒掉吧，这些黄水要不得！"不过，杜杼却说："酒能喝，这酒糟泡出来的黄水是吃不死人的，让我来试一试。"他用舌头尖尝了尝那黄水，酸溜溜的，觉得味道还不坏，又一连喝了两口。杜康看儿子尝过，没有人问题，于是决定自己和全家人都来试试。

结果大家边吃边说："嘿，这味道真不赖！酸中带甜，非常爽口，妙不可言。"有人问道：这黄水叫什么呀？杜康想了想，说道：这种酸酸的黄水是利用酒糟经过二十（廿）一日在酉时"变"出来的。把"酉"和"廿一日"组合在一起，便成了一个"醋"字。于是，黄水变成了调味品，它的名字就叫"醋"。

科学解释

俗话说：日有所思，夜有所梦。杜杼做梦并不是真的有什么老神仙指点，而是他潜心钻研酒糟水应用的下意识的反映。从原理上讲，酒（酒精即乙醇）与空气中的氧气发生化学反应之后，便生成醋酸和水（也就是酒被氧化了）。在古代虽然还不懂发酵方面的知识，但是实践出真知，酒糟水存放一段时间是要起变化的，变成了醋，这是千真万确的。

现在，我国各地生产有名目繁多的醋，如米醋、曲醋、糠醋、麦醋、桃醋、李醋、大枣醋等。而醋的功用，也不只是调味品，还可作为其他日常用品的补充。

北方过年，家家户户吃饺子，蘸点醋，别有一番风味。然而，让你想不到的是，醋原来是由酒渣子变来的，它变废为宝，且用处很多，竟多达82项。仅从对身体的作用看，常吃醋的好处多多。首先，醋能助消化。饺子是硬皮死面，肉多菜少，吃后不易吸收，容易引起消化不良。醋是酸味食品，含有醋酸，能增强人体消化功能，补充胃酸的不足。其次，人们发现醋能调整酸碱度。醋是酸味食物，但是它的最终代谢产物却是碱性的，能有效地维持人体的酸碱平衡，消除酸性，保持弱碱性。包饺子用的肉是酸性食物，包饺子用的面也是酸性食物。为了消除过多的酸性，平衡酸碱，有必要在吃饺子时蘸着点醋吃。你听明白了吗？

20　　令人陶醉的一口汤——味精

◇ ⋯⋯⋯⋯⋯⋯

味精，是我们餐饮业和居家生活中常用的一种调味品。味精这个名称是在我国被誉为"味精大王"的吴蕴初先生最早提出来的。他说，香之极了叫香精，甜之极了叫糖精，鲜之极了叫味精。好吧，不妨取名就叫味精了。不过，味精的发明人并不是吴先生，而是一个日本人，他的名字是池田菊苗。

一口汤的发现

1908 年的夏季，正值日本经济处于大衰退时期，物资匮乏，市场萧条，民众生活十分艰苦。东京帝国大学的教授池田菊苗是一位四十多岁的化学家，在大学里既教书，又从事科学研究。近来池田先生的食欲不振，胃口不佳，连走路也慢吞吞的。一天傍晚，他的夫人见丈夫归来，一边鞠躬一边轻声地说："夫君干一天活，辛苦了。请坐下，饭刚烧好，现在可以吃了。"池田扫视了一下饭桌，摇摇头，苦笑道："唉，又是萝卜大酱汤，不想吃了。"

在妻子的劝说下，池田勉强地坐下来。他拿起汤勺先尝了一口汤，十分清爽，顿时觉得这碗汤的味道不同往常。池田怔了一下，问道："这汤怎么这么鲜？"妻子只笑了笑，并未作答。池田教授用筷子在汤碗里搅了几下，发现汤里只不过是几片墨绿色的海带。他想：这海带中一定有某种特殊的化合物。接着，池田又自言自语地小声说道："这个奥妙一定要揭开！"于是，池田便一头钻进实验室里。他买来了各地出产的海带样品，仔细地分析了其中的化学成分。经过反复研究，半年以后，池田终于发现"海带汤"之所以味道鲜美，原因是其中含有一种名为"谷氨酸钠"的化合物。这种化合物具有很奇特的性质，它的水溶液——哪怕是浓度很稀，也味道鲜美。一般物质比如白糖用水稀释 200 倍即没有了甜味，食盐用水稀释 400 倍即失去咸味，然而，谷氨酸钠用水稀释 4000 倍仍有鲜味。

不断研究改进

池田教授在实验室里进一步研究了提纯谷氨酸钠的方法，申请了专利。后来又建起了小型工厂，以"味之素"的商品名称专门生产投放市场。可是，如果要以海带为原料，从中提取味之素的话，海带用量大得惊人，制作成本也高得出奇。每生产 20 克的味之素需要消耗海带 1 吨，100 克则要有原料 5 吨供应。那么，每一小包（10 克）味之素的售价相当贵，一般人是买不起的。

几年后，池田教授找到了铃木之郎先生，两人合作研究后，决定放弃从海带提取味之素的老办法。1914 年，他们发明了改用以小麦面筋为原料制取味之素的新工艺；1930 年，又发明了以脱脂大豆为原料制造味之素的新技术，从而扩大了味之素的生产规模，终于把味之素的价格降低到了老百姓能够接受的水平。

20 世纪 30 年代初，我国的化工专家吴蕴初从海外回上海，看到大街上到处都是"味之素"的广告，他便买了一瓶回去研究。经过化验，原来这种粉末的主要成分是谷氨酸钠，于是就想造出中国的"味之素"来。他很快便提炼出 10 克的粉末来，一尝味道，与日本的味之素无异。于是，他就全力筹措资金、购置设备、招募人员，办起了上海的天厨味精厂，把"味之素"之名消除，推出了中国本地生产的味精，这样便打破了日本"味之素"的垄断。

现在，制造味精一般采用的是微生物发酵法，原料主要是玉米、大米、淀粉和糖蜜。从这些植物性的原料中提取出来的谷氨酸钠纯度更高，对人体绝对没有副作用。至于时下流行的"鸡精"，其中大约含有味精40%，其他是盐、糖、淀粉和鸡味香料等。

不要轻信谣传

有一阵子，曾经在国内外流传味精"有害论"。说什么西方人吃中餐会发生头疼、口渴、胃肠不适等"中国餐馆病"，原因是因为中餐的菜肴里边加进了味精。这种流言，实际上是有人为了达到商业目的所采取的不光彩的手段。他们妄图以味精"有害论"来打击中国餐馆的生意。其实，这种说法是完全没有科学根据的。

联合国粮农组织和世界卫生组织曾在1973年的有关规定中指出：味精是安全型的食品添加剂。1987年美国食品与药品管理局搜集和整理了9000种以上的公开文献和实验数据，得出了"在现在的使用量、使用方法的前提下，长期食用味精对人体没有任何障碍"的结论。不过，食用味精要特别讲究一下使用方法，因为味精在120℃左右的高温下会分解变成焦谷氨酸，失去鲜味。所以一般说来，最好是在烧菜、煮汤基本完成，起锅之前才放入少许味精，再略烧一会儿，即可尽情地享受它带来的鲜美味道了。

从味之素的发明到现在，转眼之间百年将至，科学家们在充分肯定味精无害的同时，还深入地研究味精的医疗保健作用。由于味精进入人体胃肠之后，很快地被分解出谷氨酸，它参与人体大脑内的蛋白质和糖的代谢，促进了脑细胞的氧化过程。换句话说，就是可以帮助补充脑组织的能源。如果我们每天通过进餐摄取一定量的味精，那么就能在增强口感、促进食欲的同时，还可安定情绪、改善智力。这些你想到了吗？

附带说一下，现在超市里卖的"鸡精"——它的谷氨酸钠含量约有40%，故有人戏称鸡精为"半个味精"。值得注意的是，市面上还有某些傍名牌的假鸡精，是用淀粉、食盐和色素（黄色）混合而成的，售价只有真鸡精的一半以下，千万不要贪便宜，受骗上当！

二 穿之源

穿，对人体做全方位包装

Faming Chuanqi

01 花样翻新的"头盖"——帽子

◇ ....

　　帽子是一种戴在头上有保护性，防风雨、遮阳光或者起美化、装饰作用的生活用品。它的发明与别的东西不一样，可以说是由不同地区、不同民族分别自主地来完成的。其实，从用料、形式、花色、装扮、表现等方面来讲，世界各地的帽子真可谓百花齐放、各显其能、异彩纷呈，让人眼花缭乱。

　　由原始社会进入下一个阶段之后，上层人头戴"头盖"（有形状的），下层人头戴"头巾"（一块平面）。其后，随着历史的变迁，头盖慢慢地变成了帽子，而头巾一直没有多大改变。

中国帽子的花样

　　在古代，早期的先民把兽皮或树叶用绳索缠绕在头上，那时候只是为了遮风挡雨，并没有什么其他的意思。奴隶社会兴起后，便有了"头盖"出现。最初戴头盖是划分等级、凸显身份的一种标志。只有统治者、部落首领和他们的百官，才有资格戴"头盖"，而老百姓只能用布包住头发，这样的布叫"头巾"或"缠发"。

　　上古时的头盖，主要有冠、冕、弁三种。冠是贵族男子所戴的帽子，因古人习惯蓄长发，就用冠来把头发固定、卷起来。冠由冠梁和冠圈组合而成，冠梁不很宽，有褶子，两端连在冠圈上。冠圈的两边各有一根小丝带，可以在下巴底下打个结，起拉固作用。冕的形制与冠不同。冕的上面是一块长形板，叫"延"，下面戴在头上。延的前后沿挂着一条条小玉串，叫做旒，或称"流苏"。据称天子戴的冕，前后沿垂下的流苏共有24条。延至后来便有了冠、冕合流，不再细分。弁是用白鹿皮或绸布做成的，尖顶，类似后来清朝人戴的"瓜皮帽"。不过，在弁的周边缀有一行行闪光的小玉石，看上去似天空中的星星。故《诗经》中说："会弁如星。"

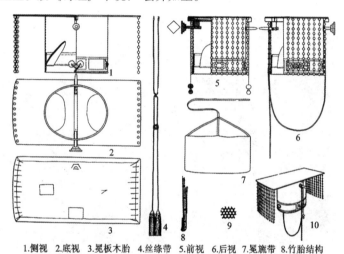

1.侧视　2.底视　3.冕板木胎　4.丝缘带　5.前视　6.后视　7.冕旒带　8.竹胎结构
9.冕口局部剖面　10.冕冠复原

冕冠构件及复原图

更有趣的是，秦朝和汉朝皇帝（史书上说"汉承秦制"）戴的帽子被称为"通天冠"，它高一尺（约0.33米）；太子戴的是"远游冠"，高八寸（约0.23米）；儒生戴的是"进贤冠"，高三寸（约0.1米）。此外，幞头——古代男子用的一种软头巾，它一直沿用到隋唐时期。到了宋代，又有了"展脚幞头"，即帽顶竖起，后边横伸着一条黑色的宽带，走起路来上下还会轻轻地抖动，就像京剧舞台上包公戴的那种帽子。

早在东晋成帝司马衍时，凡在都城建康（南京）宫中做事的人，均戴一种用黑纱做的帽子，人称"乌纱帽"。南北朝的宋明帝时，这种帽子在民间也流传开来。为了适应封建社会的等级制度，隋朝用的乌纱帽上，以"玉（石）饰"数量来显示官职大小：一品有九块，二品有八块，三品有七块，四品有六块，五品有五块，六品以下就不准装饰玉块了。所以七品芝麻官戴的帽子上没有玉饰。到了唐、宋、元、明朝时，官员们戴的帽子大多数都被称为"乌纱帽"。清代的官员戴的帽子叫"顶戴花翎"，从帽子的玉珠就能把他们分为三六九等。花翎是清代官员的冠饰，利用孔雀翎毛饰于冠帽后，以翎眼多者为贵。翎管，就是用来插孔雀翎子并使之与冠帽连接的附属饰件。

丰富多彩的少数民族帽子

1911年辛亥革命建立民国以后，受欧美国家风气的影响，社会上流行礼帽、便帽、大盖帽、船形帽、狗钻洞帽等。中国的帽子具有其地方和民族特色，如东北人多戴貂皮帽、狗皮帽；江南人多戴毡帽、礼帽；维吾尔族人多戴小花帽等等。在日常生活中，帽子还有防寒保暖、装饰打扮的作用。

外国帽子奇观

说完了中国帽子再说外国帽子。世界各地区根据本民族的风俗习惯，发明或设计出了各种式样的帽子。在英国，不论男女帽子都是一项重要的"装饰"，在什么场合下该戴什么样的帽子，帽檐直径是多少最合适，英国人只需要简单目测一下就能做出"评价"。英国女王伊丽莎白二世每次出宫一定要戴自己设计的帽子。有人估算她积存下来的帽子有上千种之多。在英伦三岛，时髦的男青年特别喜欢软毡帽，绅士也少不了一顶礼帽，甚至上学孩子穿的校服也包含帽子。英国人参加活动，包括婚礼、葬礼、生日聚会，甚至听歌剧、听演讲和看划船比赛，都要戴帽子。帽子的不同式样、不同戴法还体现出人们不同的自信程度、体验和经历。奇形怪状的帽子像演出的道具一样，充满英国人的生活，无处不在。

在欧洲中世纪，人们戴帽子的等级观念更是奇特：国王、王后戴的是用金子制的皇冠；国民戴的是灰色或黑色的帽子；破产者头上戴的是黄帽子；监狱的犯人只许戴纸帽子，等等。

至于亚洲的其他国家，如菲律宾的罗宋帽，洋溢着潇洒的气息；印度尼西亚妇女戴的草帽，比锅盖还大，遮阳挡雨，怡然自得。还有那些不分国籍、各地通用型的帽子，如亚热带地区使用的"斗笠"（在中国南方、朝鲜、韩国、日本等地流

最奇怪帽子

行），厨师戴的白色高帽（名叫厨师帽，帽子越高表示手艺越高，最高可达35厘米），还有大学里毕业生戴的"方帽子"（亦称学位帽），都已得到社会公众的认可。总之，帽子的品种实在太多太多了。

现代帽子的明天

过去在设计新帽子时，一般实用性高于装饰性。现在，随着科技的发展与进步，却有"逆向而行"的趋势。除了在选材质优、尺寸合适之外，还特别倾向于观赏性和新奇性。某些特制的帽子也陆续登场了。如今的帽子少有等级的差别，但仍有职业的划分，如律师帽、护士帽、军帽、警帽等。

在未来，帽子的功能应多样化。且不说宇航员戴的"帽子"（头盔）、潜水员戴的"帽子"（潜盔），它们已经超过了平常穿戴的范围。就像煤矿工人戴的安全防护帽、盲人戴的行走探视帽和汽车司机戴的电子防睡帽，等等，还大有文章可做，以使这些帽子发挥更大的作用。

02　醒目的安全标志——小黄帽

◇ ⋯⋯⋯⋯⋯⋯⋯

　　"小黄帽"原来是一个童话故事里边的主人公，一个很活泼、调皮的孩子。后来，这个名字真的变成了戴在小学生头上的黄色帽子，又变成了提醒司机开车时注意的一种标志。"小黄帽"这两次转变是怎么来的呢？

一本童话故事书

　　《小黄帽历险记》是一本童话。你知道什么是童话吗？童话是儿童文学的一种体裁。它是具有浓厚幻想色彩的虚构故事，多采用夸张、拟人、象征等表现手法去编织奇异的情节。幻想是童话的基本特征，也是童话反映生活的特殊艺术手段。在这本童话里，小黄帽在迷宫中跳来跳去，也会在天上用飞翔机飞来飞去。在他冒险的过程中，遇到了很多恶魔和陷阱，克服了许多困难，吃了不少苦头。

　　可惜这个故事的作者不知跑到哪里去了，不留姓名，不留年龄，不留国籍，不留住址，至今我们也没有法子找到他。令人欣慰的是，漫画家帮我们绘出了小黄帽的形象：一个个子不高，脑袋挺大，眼睛很圆，长得有点像张乐平先生笔下的"小三毛"，十分可爱，又非常有趣。在这里，之所以要这么详细地介绍小黄帽，是因为下边的福岛老师要利用它向同学们解释保护自己、注意安全的道理，并由此开展了一系列的活动。

福岛老师的主意

1969 年，日本的横滨市交通十分繁忙，车祸经常发生，小学生们在放学过马路时，稍不注意就有发生车祸的危险。对此，家长和老师们非常担心。有一位姓福岛的年轻老师，他教书教得好，又非常喜欢小孩。这一天，福岛老师怕学生回家路上出事，就亲自护送。在十字路口，他看到车辆川流不息，感到十分紧张。再一瞧，行车交通信号灯分红色、绿色和黄色，红灯亮表示禁止通行，绿灯亮表示可以通过，黄灯亮表示要在行进中提高警惕，引起注意。

福岛老师心中一动，他想：我们为什么不可以让学生举着一面小黄旗，提醒开车的司机注意：前方有小学生，千万要小心！第二天，福岛老师把连夜赶做的几面小黄旗，让学生举着，送他们回家。事实证明，一些司机看到小黄旗，就减慢了开车速度，这一举动是有效果的。不过，还不够显眼。怎么办呢？

福岛老师召开了班会，发动大家想办法。有的说："举黄旗，得站成一排，分散走路就不行了。"有的说："可以多做一些小黄旗，每人举一面。"有的说："每人用一只手举旗，那也太麻烦了。"怎么办好呢？突然，有个学生说："老师，前些天您不是给我们讲过《小黄帽历险记》的故事吗？您再讲一讲，好吗？"大家七嘴八舌地议论了好半天。最后，终于商量出了一个好办法：统一定做小黄帽，人人戴在头上，空出两手甩开走路更方便。福岛老师很感动，连连地说："谢谢你们！谢谢你们！"随后向校长、向上级进行了报告，获得了赞同。小学生戴的小黄帽就这样诞生了。

当然，从科学上解释，黄色是仅次于红色的醒目颜色，而且穿透力特别强。黄色的物体显得体积比较大。国际上常把黄色作为交通、海事的警告信号。在车辆多的大城市，让小学生戴上小黄帽，可以提醒司机注意安全，减少交通事故。不过马路上车多人多，情况变化多，戴上小黄帽也不能保证绝对安全。小黄帽不是保险帽，戴上它以后，也要遵守交通规则，过马路时也不能马虎大意。

唱着歌儿回家去

现在，我们把《小黄帽历险记》与福岛老师的主意连接起来，就形成了一首《小黄帽儿歌》，歌词是这样的：

> 放学了，放学了，大家把队排。
> 站齐了，站齐了，动作就要快。
> 戴上小黄帽，背上小书包，一、二、三、四，一块走起来。
>
> 遇到了老人我来扶，碰上了娃娃我让开。
> 我们都是小黄帽，过完马路说拜拜。
> 我们都是小黄帽，聪明活泼人人爱。
>
> 啦啦啦，啦啦啦，一二三四，活泼真可爱。
> 啦啦啦，啦啦啦，一二三四，活泼真可爱。

这样，小黄帽就成为小学生们的新伙伴，并受到人们的关注。从那时起，陪伴小孩时间最长的三大件是：小黄帽、小书包和校服。一顶风行许多年的帽子在不同季节变换着不同的样式。最开始是春秋用——单层夹帽，后来便出现了夏季用——带网眼的遮阳帽，等到冬天又出现了冬季用——毛线帽。但无论样式如何改变，黄颜色和"安全"二字却始终没有发生变化，不过，需要提醒的是，有个别的小同学对小黄帽不够爱护，有的随便在上边乱抹一气，帽子被画得乱七八糟。回家后，把它扔到角落里，任其被蒙尘。等到上六年级的时候，已经逐渐步入叛逆时期的小学生，往往会丢掉戴小黄帽的习惯，只是在校门口装装样子给老师与值周生看，然后便一哄而散。

其实，戴小黄帽上学的那一段童年时光，会留下一些真切、美好的回忆。有一位学生在作文中写道：当我拿着小学毕业照和中学录取通知书的时候，便彻底告别了那段时光，那段在我人生中涂抹着浓重色彩的小学生活，也就此画上了一个圆满的句号。但我最深的印象之一，就是头戴小黄帽精神饱满地走向学校的大门，开始了个人的学习之旅。小黄帽，我不会忘记你！

03　　　原来是怕挨打——口罩

◇ ....

　　在医院里，经常看到医生、护士们戴口罩；在食品加工厂里，操作人员也戴着口罩；还有城市里的环卫工人，在工作时同样戴口罩。现在，大家都清楚在这些工作环境中口罩所起的是什么作用。可是，在几百年之前有口罩吗？口罩本来是为了起什么作用？它又是谁发明的呢？

宫女上菜嘴缠白布

　　1275 年，有一个名叫马可·波罗的意大利人，跟着他的叔叔远涉重洋，从西欧来到中国做生意。某一天，元朝皇帝忽必烈突然对"老外"产生兴趣，就在宫廷里接见了这批客人。按礼仪完成交谈之后，便设宴招待。

　　一时间，乐声飘起，轻松舒缓。马可·波罗被这种吃饭的方式惊呆了：打扮得花枝招展的宫女们一个一个手捧着食盘，鱼贯走向餐桌，把一盏盏美味佳肴放在上面。更让人奇怪的是，她们的嘴巴和鼻子一律都用白色的绸布包围起来，只露出一双水灵灵的眼睛。

　　事后，马可·波罗才知道这是元朝皇宫里的老规矩——怕宫女们出气或不小心打喷嚏，把饭菜弄脏了。这件事发生在 13 世纪，

口罩

后来马可·波罗在他的回忆录《东方见闻》（中译本称为《马可·波罗游记》）里曾经叙述过。那么，宫女嘴鼻缠的白布，是否可以称得上是世界上最早的口罩？

吉卜赛巫婆不讲理

时光匆匆，到了 14 世纪，欧洲——首先在英国，突然发生了很厉害的传染病——"黑热病"，病状是：多次腹泻，大量呕吐，最后导致死亡。不论在城镇还是在乡下，许多人都感到害怕。那时候的欧洲人还很愚昧，没有医学常识，不讲卫生。如果人得了病就急忙去找吉卜赛巫婆来念咒语、驱妖魔，以为这是治病的"良方"。虽然那时欧洲的医学已经有了一定程度的发展，但是医生人数少，没有势力，只要出去给人看病，巫婆就会带人追上来拳打脚踢，把医生打得鼻青脸肿。因为巫婆怕医生抢了她们的"饭碗"，所以就以暴力来驱赶医生。

传染病流行很快，医生又不能不管。为了保护自身的安全，免得挨打，医生们就想出了一个好办法，凡是出门行医时就用纱布遮住半个脸，只露出一双眼睛，免得被人认出来。这就是那时医生的处境，也是真正口罩出现的源头。这种情况一直延续到 18 世纪初英国工业革命开始的前夜。尔后，在各地时不时也有巫婆"闹事"。

1867 年，德国医生莱德奇在汉堡开设了一家私人诊所。由于在此以前他行医时是戴口罩的，因此在诊室里为病人看病，仍旧戴上口罩。莱德奇反复强调："我戴口罩不是躲巫婆，而是为了防止病毒感染。"这就提高了对口罩作用的认识。莱德奇的医学知识丰富，医术又很高明，治好了许多人的病，赚了不少钱。为了避免发生"医闹"，他雇用了几名彪形大汉当"保安"，来维持诊所的秩序。几个原想来捣乱的巫婆也知难而退了。其他的医生觉得莱德奇说得好、做得对，有钱有势才能保护自己，于是纷纷效法，学他那样在看病时特地戴上口罩。这样，戴口罩的人一天天多起来了。

养成戴口罩的习惯

不过，当初的口罩只是用一两层纱布来回地把鼻子、嘴巴、胡子缠起来，十分简单，但很不舒服。莱德奇做了改进，他叫人把纱布剪成长方形，在两层纱布之间架起一个框形的细铁丝支架，再用一根带子系在后脑勺上。于是，口罩便有了早期的样子。

1869 年，法国医生米琪缝制了一种多层纱布的口罩，并且改成可以自由系结的办法，用一个环形带子挂在两边耳朵上。19 世纪末叶，法国科学家巴斯德创立了近代"细菌（微生物）学说"，使人们明白原来在地球空间里充满数不尽的、各式各样的有利有害的微生物。我们的责任，应该是"趋利避害"。国际红十字会创始人之一、曾有"护理之母"称号的英国人南丁格尔曾经说过：空气像水一样，也是会被弄脏的。如果戴上口罩就有可能把细菌阻挡在纱布层的外边，不许这些坏东西溜进来害人。所以，一旦需要，人人都要养成戴口罩的习惯，这是自我保护健康的举措之一。

20 世纪以后，各种新式的口罩被研制出来，如香味口罩、花型口罩、防感冒口罩等。万变不离其宗，它们都是原有口罩的延伸和继续。有趣的是，在南亚的印度、尼泊尔等国，连大街值勤的警察一个个都戴着黑色口罩（通常人们戴的都是白色口罩），让人"见而生畏"。这也成为该国旅游的一道奇特的风景线了。

口罩毕竟是一件小小的发明，也很简单。但是从它的开始慢慢地变来变去，直到被大家认可和使用，经历了几百年的时光。其间所赋予的文化背景、科技内涵，很值得我们去好好地探寻一番。

PM2.5 防尘口罩

雾霾天气，大气中飘浮着一些直径小于或等于2.5微米的细颗粒物（简称PM2.5）。它们非常细小，粒径只是一根头发丝直径的1/24，可以被直接吸入人体的呼吸道（支气管），干扰肺部的气体交换，会引发多种疾病。因此，有人发明了一种能够阻止上述细颗粒物的口罩，叫做PM2.5口罩。这种口罩由口罩和滤片（PM2.5微滤滤片）配套组成，用后放入加水稀释的中性清洁剂中轻轻搓洗，放在阴凉处晾干即可。滤片建议1周至2周取出更换。

04 几种装束的组合——西装

◇ ························

西装就是西方人穿的服装，在我国又被称为"西服""洋装"。今天，它早已经超出国别和民族的界限，风行世界，成为全球性的衣着之一了。可是，最初设计西装的人是谁？它又是怎么被发明的呢？

西装的演变

大家知道，古代西方人服装和东方人差不多，是一种比较粗糙简陋的长袍。而西装的"上衣下裤"式样是 18 世纪中叶在英国问世的。最初设计西装的人，现在还弄不清楚到底是谁、叫什么名字。但是，据说这种衣服的原型，是从渔民、马夫、武士、水手的装束那里学来的。因为当年西欧渔民终年与海洋为伴，为了捕鱼方便，常穿散领、少扣的衣服，利于拉网干活。马夫上衣的背后开了一条衩，是出于骑马时避免衣服缠身的考虑。而西装的"硬宽领"，则是古代武士衣着的翻版，因为要在打仗时防止"箭穿咽喉"，衣领用金属和皮革制成，竖立着起保护脖子的作用。至于下裤，是参照水手的穿着，一般是裤脚宽阔，有利于随时卷起，不妨碍移步行走。

可是，这种服装的结构模式后来传入英国王室内，被改造成为以男士穿同一面料成套搭配的三件套装——上衣、背心和裤子。在造型上，延续了男士礼服的基本形式，属于日常服饰中的正统装束，适用场合甚为广泛，并从欧洲影响到国际社会，成为世界指导性服装，即国际服。在 20 世纪以前，西装只供男士穿着，女人不能问津。直到第二次世界大战以后，随着妇女地位的提高，她们需要尊严、尊重，力求像男性一样给人们留下一个扎实能干、沉稳老练的好形象，于是她们纷纷效仿男性穿起潇洒的西装。这样，女式西装应运而生，为众多的职业女性所穿用，一般为上衣下裙。女式西装受流行因素影响较大，但根本性的一条是要合体。

三个小故事

西装有短衣长裤、敞领少扣、挺括合身、裤脚卷边等四大特征。关于它们的来由，还有几个轶闻。

话说在法国有一个叫菲利普的贵族，有一次从巴黎出发，沿塞纳河逆流而上，到了一个海边休养地度假。来这里的人最醉心的一项娱乐，是请渔夫驾船出港，随渔民到海上钓鱼取乐。这里的鱼都很大，菲利普感到自己穿紧领多扣子的贵族服装很不方便，有时拉力过猛，甚至把扣子也挣脱了。看到渔民行动自如，于是他仔细观察渔民穿的衣服，发现他们的衣服是敞领、少扣子的。这种样式的衣服在进行海上捕鱼作业时十分便利。就是说，敞领对用力的人是十分舒服的，便于大口地喘气；扣子少更便于用力，在劳动强度大的作业中可以不扣，即使扣了也很容易解开。菲利普虽是个花花公子，但他对于穿着打扮很有兴趣。回到巴黎后，他找来一班裁缝，共同研究设计出一种既方便生活、又美观大方的服装来。

通常，西装上衣的两只袖口每只要钉 3 颗纽扣，这是怎么回事呢？据说，在 18 世纪，普鲁士国王下到军营巡视军队时，发现不少士兵穿的军服的袖口都很脏，便询问陪同的军官这是什么原因。得到的回答是，因为在军事训练过程中，兵士们一出汗就用袖口去抹干，而且又少搞卫生，所以才会这样。为了整顿军容，纠正这个坏习惯，国王下令把所有士兵军服的袖口加钉 3 颗金属扣子。如此一来，既阻碍士兵用来擦汗，又使袖口更加美观。西装设计师觉得这个装饰的效果挺不错，把它引入并推出。

至于西装裤的裤脚卷边，却是受了英国国王一个小动作的影响而加上去的。也是在18世纪的时候，有一天国王爱德华七世坐马车去伦敦跑马场观看跑马比赛。忽然间天空乌云密布，不久大雨倾盆。爱德华七世一时担心长裤的裤脚沾水，躬身把裤脚边卷起。国王这一动作，致使他周围的达官贵人争相模仿。从此，上流社会直到民间百姓都以"裤脚卷边"为时尚，西装设计师又把它吸收进来，于是便有了西装裤的规定式样。

就这样，在长期的流传过程中，西装以人体活动和体形等特点的结构分离组合为原则，形成了打褶、分片、分体的服装缝制方法，不久，一种时尚的新服装问世了。它与渔夫的服装相似，敞领、少扣，但又比渔夫的衣服挺括，既便于用力，又能保持传统服装的庄重。这种新服装很快传遍了巴黎和整个法国，以后又流行到整个西方世界。它的样式与今天的西装非常相似。

西装的意义

西装从民间着装后经改制又一时成为宫廷服装，只有举止庄重、整洁、洒脱之人方可穿着，是讲究礼仪的一种表现；而大大咧咧、嬉皮笑脸、歪肩斜身之人，是不宜穿着这种新服装的。

西装的衣料选择、颜色搭配和制作过程等都非常讲究，质量要求非常之高，力求笔挺，耸肩束腰，完全合身；全凭手工量身定做，几次试穿，反复缝制等等，因此，加工费用也非常昂贵，一般老百姓是负担不起的。后来，西装改由工厂大批量计划生产，统一规格，故而售价大大降低。不过，高档或名牌西装，现在仍然采用专人手工缝制。

西装的普及对于当今社会环境和文明建设都起到了良好的作用。设想在一个近乎一尘不染的场合，穿着西装、文质彬彬的人们在一起开会，则必定有满堂生辉的感觉。相反，穿着西装的人如果走进一个肮脏杂乱的地方，就会显得不自在。同理，倘若身着西装、口出粗话，给人的印象是俗不可耐；而西装革履又彬彬有礼，则会让人高看一眼。总之，西装的发明者和设计者想来也未必意料到这种服装所能引出的心理效果和产生的社会影响。

虽然，穿着西装在大方、合体、潇洒等方面能够表现英俊的男子气概，但西装毕竟还有一些不足之处，比如身材矮小者、在激烈运动时等，都不大适合穿。另外，穿西装一定要穿衬衣，无论什么场合，或是否穿上装，衬衣的下摆都必须塞进西装裤里边。若扎领带，长袖衬衣的袖扣都要扣好；不扎领带，袖扣可以不扣。

时代在发展，社会在进步。人类的生活衣着必将发生新的变革。在着装的两大基本功能即保温和舒服之外，还要加上多元化和个性化。这些必定唤起更多的发明家、设计师为穿衣现代化做出更大的贡献。

05　　　　　　　　　潇洒的饰物——领带

◇ ....

　　穿西服，再系一条漂亮合适的领带，既美观大方，又典雅庄重，原是西方人穿西装的传统习俗。现在世界上许多国家的人民也喜欢它了。然而，象征着文明的领带却是从不文明中演变而来的。你可知道，领带是谁发明的？为什么要系领带？最早的领带是什么样子的？这些都是不太容易回答清楚的问题。因为记载领带的史料很少，考察领带的直接佐证也很少，而有关领带起源的传说却很多，说法又不尽相同，让你搞不懂究竟相信哪一个才好！

领带的起源传说

　　第一个传说，领带是日耳曼人发明的，简称"保护说"。在很早很早以前，日耳曼人居住在深山老林里，披着兽皮保温御寒，为了不让兽皮掉下来，他们用一种粗大的草绳子绑住兽皮吊在脖子上。这样一来，风不能从颈间吹进去，既保暖又防风，从保护人体以适应当时的地理环境和气候条件来讲，这种草绳子便是最初的"原始领带"了。日久，这种草绳子渐渐地变成了一种装饰物——领带。

　　第二个传说，领带是英国的主妇发明的，简称"功用说"。大约在几百年以前，英国的男人普遍喜欢留大胡子。人们的食物以肉食为主，进餐时不用刀叉，而是用手抓起一大块肉塞进嘴里啃。由于那时还没有刮胡子的工具，成年男子的胡须乱蓬蓬地长在嘴边。吃饭的时候，每当胡子上面沾了油渍、菜汤和面包渣，他们就用衣袖去擦抹。主妇们经常要为给男人洗这种沾满油垢的衣服而苦恼。随后，有某一主妇想出了一个巧办法，在吃饭前先在男人的脖子和衣领的下方挂一白色的长布条，以便可以随时用来揩嘴，吃完饭后就摘下来。这个做法获得了成功。久而久之便一传十、十传百地传开，家家户户都效仿起来。工业革命后，英国发展成为一个发达的资本主义国家，人们对衣食住行都很讲究，挂在衣领下的这个长布条后来就演变成了领带。

第三个传说，领带是法国骑兵队长发明的，简称"装饰说"。17世纪中叶，在法国巴黎的大街上走过一队骑兵。为了标明本队骑兵与别的骑兵不同，骑兵队长搞了一个小花样——他让手下的弟兄们每人身着威武的制服，并在脖子上系了一根细布条。马蹄声声，布带飘飘，骑在马上的士兵显得十分精神、威风。巴黎的一些爱赶时髦的年轻人看了，格外羡慕，开始模仿，上街时也在脖子上系起了细布条。有一位青年贵族，很喜欢打扮自己，总想在服饰上标新立异、与众不同，他参考了骑兵系细布条的经验，把一块花绸巾折了几下，围在颈部并在衬衣领口扎了一个结，正好顶住男子的喉结，然后穿上西装。因为胸前衬着这条领带，走路时必须昂首收腹，才显得很有风度。有一次，法国国王路易十四见了他的这身打扮，大加赞赏。不久，又下令宣布：凡进入宫廷、剧场、舞厅的人，都要穿西装系领带，这样才能显现出贵族之文明。不过，那时的普通老百姓是不许随便打领带的，否则就要被抓起来问罪。

又过了100多年，欧洲各国的皇帝纷纷倒台，贵族的特权被取消了。领带的禁令不再有效，男人们个个都可以穿西装系领带。这不仅是穿衣上的一次解放，也是人们精神上的解放。

不可小看的领带

有人说，衣裤可以保护身体，鞋袜可以保护双脚。从实用价值来看，领带完全是多余的东西，什么作用也没有。这个看法你觉得怎样？不过，从社会生活上讲，女人用穿紧身衣、裙子和戴首饰等来表现自己，男人们用什么呢？胸前的领带就是男性的饰物和标志之一。男人系上领带，会给人端庄正派、充满活力的印象，还能显示他的文化教养，具有丰富的社会内涵。同时，领带制作在用料质量、印花款式和色彩选择上都精益求精。只是在不同国家、不同民族，对领带的使用也有不同的习惯。比如美国人喜欢系印有"星条旗"图案的领带，印度人高兴系蓝色领带，南非人热衷系红色领带。然而，法国人决不用"红白蓝"三色组合的领带，荷兰人不戴橙色领带，阿拉伯人不买绿色领带，日本人不要黑色领带。世界上生产领带最多的国家是意大利，其数量占全球领带总产量的80%，在该国的米兰市还建有领带博物馆。

我国香港的领带大王曾宪梓（广东梅县人）创办的以"金利来"商标命名的领带有限公司生产的领带，以用料考究、做工精良、款式新潮、质量上乘而著称，每年的领带产量已超过1000万条，营业额超过1亿元人民币。更有趣的是，1972年2月14日美国总统尼克松访华，当他微笑着走下舷梯，与前来迎接的中国总理周恩来握手时，通过电视屏幕，让全世界的观众都看到了尼克松白色衬衣的领口上系的是一条"金利来"领带。这正符合了曾宪梓写的广告词："金利来领带，男人的世界。"

总而言之，领带是人类社会的物质和文化发展到一定程度的产物。曾经有一位思想家这样说过，社会的进步就是人类对美的追求。在现实生活中，人类为了美化自身，使自身更完美、更富魅力，便产生了用自然界提供的或用人造的物品来装饰自己的欲望，领带的发明充分地说明了这一点。

06 耐拉耐扯又耐踹——牛仔裤

◇ ⋯⋯⋯⋯⋯⋯

　　话说 19 世纪 50 年代，在美国西海岸的加州（加利福尼亚）发现了硕大的金矿——这可不是说着玩儿的。一时间，轰动了全美，乃至全球。这真是个特大的新闻，也是特大的喜讯——谁不想做黄金梦、发大财呢？于是乎，美国东海岸的居民，包括纽约人、费城人都跃跃欲试。其中不少是青年人，他们纷纷卷起衣袖，准备去西部大干一场。

　　美国的东部与西部相隔数千英里，路途遥远，全是丘陵和山脉，而密西西比河由北向南也成为一个阻隔。那时候美国的交通不怎么发达，飞机、汽车很少。长途跋涉，这些青年人要去西部谈何容易。如果迈开双脚，那得花多少时间？身体吃得消吗？他们一合计，决定合资购买一批牛，骑在牛背上"开拔"向西行，既节省体力，又减少负担（牛只吃草嘛），遇到特殊情况时杀牛后还有肉吃，一举三得，妙哉！因为他们成天与牛（群）为伴，又加上年纪轻轻的，所以都叫他们为"牛仔"。牛仔赶着牛群从远方而来，浩浩荡荡。

　　这些牛仔们一到目的地，就好像饿虎扑羊似的投入了金矿，不分白天黑夜，拼命地干活。他们的目标很简单：努力淘金，快快发财。这种气势一下子使原来荒凉的西部地区立即掀起了热气腾腾的挖金子高潮。

德裔青年利维

1851 年，在前往西部开发的一批批人群中，有一个德裔青年名叫利维，他的身材不高，眼睛不大，可力气却不小。利维随着牛群来到了圣弗朗西斯科（被华侨译名为三藩市或旧金山），满眼见到的是一堆堆人、一个个黑洞、一洼洼流水。开始他们以为金矿像石头，挖一块就是一块金子。这个想法太幼稚、太简单了。殊不知从金矿采来的只是粗矿，要经过一系列的加工——粉碎、筛选、捣磨……最后才能得到一点点金粒。那时，这些作业全靠手工，连最简单的粉碎机也还没有设计制造出来，只能卖力气用铁锤敲打，其劳动强度之大，可想而知。

利维没有做多久就病倒了。病好了以后，身体衰弱，他再也不能够上山去挖金了。利维没有一技之长，又只会讲几句简单的英语，除了干体力活，别的都不行，所以没有老板肯雇用他。万般无奈之下，他只好在山下摆一个小摊，卖点日用小百货——毛巾、肥皂、牙膏、香烟等，来维持生活。但是，矿工们对一些小百货需要不多，所以生意清淡，难以为继。利维想：他们到底需要买什么东西呢？要想一个办法了解情况，抓住买主的想法和需求。

于是，利维就在路旁竖起一个木牌，上面写着免费供烟，还放了两三条长凳。每当矿工下班返回之时，有了客人来，他就一边递烟，一边闲聊，一下子了解到了许多事情。有的矿工说："你看看，山上的石头还有树杈把我们穿的裤子都划破、磨损成这个样子。干这种力气活，裤子特别费。现在卖的裤子太差劲，穿不了几天就破了，真该死！"有的矿工说："我们这里连个娘们都没有，裤子破了也无人会补，只好凑合吧。"有的矿工对他说："要是有一种特别结实的裤子，该多好。你知道有什么地方卖吗？"

利维听了连连点头：原来是这样的，我有办法了。

从实用到时尚

俗话说：说者无意，听者有心。利维是个有心人，他听了一些衣衫褴褛的矿工的诉说之后，想了一想：我手上正好有准备用来做帐篷的几卷粗帆布，可以请个裁缝来把它做成裤子。于是，利维又筹措了一些钱，找到了几位缝纫师一起研究，设计出适合矿工穿着的裤子来。因为圣弗朗西斯科地处亚热带，矿工们干活时常不穿上衣，打赤膊，但对裤子的要求特别高，要能够"耐拉耐扯又耐踹"，非同寻常的结实才好。在利维的帐篷里，裁缝们开始剪裁帆布，直到窗户外面月亮西落，太阳东升……

当利维来到矿山里，把几十条裤子摆在地上时，人们围了上来，矿工们将利维的裤子抢购一空！用帆布做裤子，以前可很少有人这样做。矿工们催促利维快回去，再赶制一些帆布做的裤子。利维说："不，我要再问一问大家这种裤子有什么缺点。"一个矿工说："唔，这裤子好是好，可是裤子的口袋不牢。"矿工说罢将口袋一撕，口袋竟裂了开来。另一个矿工说："是啊，我们这些矿工的口袋里是要装金砂和矿石的，这样容易破的口袋可不太好用啊。"还有一个矿工补充道："对呀，金砂和矿石可是很沉的哟。"

利维回答说："大家说得对，让我再找裁缝师傅商量一下吧。"经过商量后，他决定把口袋的四个角用铜铆钉固定住，这样口袋就不易撕落了。另外，还用皮革为口袋镶上边，再采用结实的线缝上，裤子就会更结实耐穿了。

不过，青年矿工并不满足。他们说，不单要雪中送炭，还要锦上添花。裤子的面料需要改一改，帆布很结实，但又很坚硬，穿起来不舒服，影响行走。在样式上还要脱离"老传统"，做得更加"新潮"些。于是，利维便决定弃用帆布，改为用经面斜纹棉布（又称靛蓝劳动布）；又把原来宽腰大筒的尺寸，改成低腰身、直筒裤腿、紧兜臀部的样子，穿上以后便彰显出精悍、粗犷，很有气派，还能体现充满青春活力、奋发向上的精神。

借助电影宣传

1871 年，利维在美国西部的第一大城市洛杉矶成立了"利维·施特劳斯"服装公司。在这之前，人们把利维做的裤子称为"齐腰工装裤"，一旦产品推向市场，就要取一个正式名称。"因为这种劳动裤子很适合于美国西部的牛仔们穿，我还要扩大经营范围，不仅要把它卖给矿工，还要卖给西部放牧的牛仔，所以我把它定名为牛仔裤。"利维后来回忆时如是说。

在洛杉矶的附近，有一个著名的小镇叫"好莱坞"，它是全美的电影城，成天有从全美各地来的游人参观这里。利维还真有商业眼光，他想：近水楼台先得月，我何不利用电影来宣传一番？拍电影比做广告更高级，影响面也更广大呀！于是，他联系上了制片人、导演等，表示乐意资助他们拍片，还免费让主角穿上牛仔裤，在银幕上大显身手。从此，在美国米高梅公司出品的一批电影，如《好莱坞的夏天》《伊甸园的东方》中，都能看到男女明星们穿着时髦的牛仔裤，在那里做精彩表演。到了 20 世纪初叶，牛仔裤风靡全球，也成为人们耳熟能详的名词之一了。

这家公司后来发展成为国际性的公司，产品遍及世界各地。统计资料表明，牛仔裤的销售量一直排在全球服装业的前列。牛仔裤不仅仅是"工作服"，而且成为年轻人追求的"时尚衣"。无论何时何地、哪个阶层、男女老少，都喜欢穿它。从牛仔裤发明这件事，我们明白了一个道理：在生活中只要仔细观察、勤于思考、勇于实践，就会有意想不到的发现和发明。这也应验了中国的那句古话"有志者事竟成"，只要全力以赴，就有可能成功！

07　玛丽交好运——超短裙

◇ ·················

发明并不神秘，但发明的构想并非人人都有，而发明的机会更是可遇不可求。最要紧的是能够抓住发明瞬间的火花，把它点燃，再让其光芒四射，把喜悦送给人间。

超短裙又称"迷你裙"或"小短裙"。它在 20 世纪 60 年代曾经在西方国家风靡一时。70 年代末曾流行我国，差一点引起轩然大波。有趣的是，超短裙的发明人是一位英国人，她的名字叫玛丽，而英国人一向以保守、古板和正统著称，穿着上从不"出格"。玛丽却来了一个反其道而行，创造出了一种青春型的服装。

布料不够挺伤神

60 多年前，巴黎有家时装店的女老板玛丽经常发愁。她的资金不够，货物不多，铺面不大，上门的顾客寥若晨星，有的人进店瞧一眼就匆匆离去。因为货架上的服装引不起购物者的兴趣，所以生意冷清。她烦恼时甚至想关了门，回英国"吃老本"去。

有一天，玛丽拿出一块布料，她想再设计一件新式的服装。用尺量了一下，苦于布料不够，没法下剪刀了。"唉，怎么办？"玛丽叹了一口气，两眼直愣愣地望向店外。这时，天空中突然一阵大雨点径直落下。她看见行人中有一个年轻的姑娘提起长裙，露出大腿，奔跑而过。

玛丽的眼睛一亮，脑子里顿时闪出一个火花：少女，短裙，真美！

　　玛丽迅速拿起了剪刀，按照当时所见的情景，咔嚓，咔嚓，剪出了最初的短裙式样，然后用缝纫机很快地做成了。一试穿，居然十分好看。她一阵欣喜，似乎有一种眩晕的感觉。用如此少的布料做成新的时装，这可是赚钱的活计！几乎陷入"泥潭"的玛丽，由"山重水复疑无路"进入到"柳暗花明又一村"了。

"雪中送炭"好朋友

　　然而，事情远非如此简单，从发明样品到生产商品还要走相当长的一段路。玛丽设计的式样虽好，但是如何筹措资金和聘用人员，以及怎样投入批量制作，采用什么面料，加印何种花色等等，一大堆问题一时都难以解决。玛丽的发明仅限于在她的时装店里做几件样品供人参观，整个计划只好束之高阁。

　　时光流逝，峰回路转。1968年，英国著名的女服装师匡特来到法国与玛丽会面。两人一见如故，十分投缘。匡特帮她解决了资金问题，还改进了尺寸比例，将裙长延至大腿的中部，并联系工厂订货。不久，一批五颜六色的短裙投放市场，受到了顾客的欢迎。

　　由于匡特的帮助，玛丽在巴黎开的时装店一时生意红火起来。除了销售超短裙以外，订购其他时装的活计也增加了不少。因此，超短裙引发了一系列连锁效应，也使玛丽成为著名的服装设计师之一。

美好的青春回忆

　　玛丽当初设计这种短裙时，并没有考虑它叫什么名字。直到订货开始生产时，才明白它应该有一个正名。玛丽后来回忆说："当初我裁剪这种裙子的时候，曾经想到过我童年时的一次经历。我在七八岁时参加了一个舞蹈训练班。那时，见到一个同龄的女孩子，她妈妈给她缝制了一身很别致的装束：紧身的黑毛衣、非常短的百褶裙、轻纱般的黑袜裤、再加上白短袜和黑皮鞋。她一边跳踢踏舞，一边频频微笑。那个场面简直把我看呆了！几十年后，印象依然清晰如前。我想：这应该很受欢迎。在一个意外的时刻，我把布料不够和这种短裙联系到一起，所以我叫它 mini（译音为迷你裙）。"而根据匡特的建议，迷你裙的正式名称应该是：超短裙。

接着，玛丽时装店大做广告，宣传这种超短裙对身体运动如何有利，又怎么美观大方，还经济实惠。在时装展示会上，由身材修长、窈窕动人的女模特穿着超短裙，一展风采，一时间引起轰动。玛丽也被媒体誉为"超短裙之母"，此时她已是年近花甲了。

时装，是指一段时间内兴起的衣装。进入 20 世纪 80 年代以后，"超短裙热"开始降温，人们对衣着的兴趣发生了转移。经营多年的巴黎时装店也永远"打烊"了。不过，在世界服装史上，"超短裙"还是占有一席之地的。风水轮流转，按照时装变化周期性规律，"超短裙热"会不会卷土重来？巧的是，2012 年从春末到夏秋，北京掀起了一阵又一阵的"超短裤热"，满大街的女孩子，穿着花枝招展的短裤，姗姗走过，亮起了首都一道又一道的"新风景"。这是不是可以看作变相的"超短裙热"的重演？

08　东郭先生的"足衣"——袜子

◇ ·················

东郭，复姓。他叫什么名字，失传了，大家都称呼他东郭先生。这个人最有名、流传很广的一个故事出于《中山狼传》，其寓意是因为对坏人产生怜悯心，而吃了一个大亏的糊涂人。不过，我们这里要说的是另一位东部先生，这位东郭先生可是做过一件大好事，就是我们今天穿的袜子，最早是他老人家想出来的。这也算得上是不大不小的发明吧。

雪地上奇遇

据说，2000 多年以前，在我国西汉时期，有一位东郭先生，是很老实的读书人。他由外地进入京城，希望为朝廷做点事，但一直没有机会，带来的钱差不多花光了。没办法，只好找一个"学堂"教小孩子们认字读书，以解决自己的生活问题。在一个冬天的早晨，地上盖满了厚厚的白雪。东郭先生怕耽误了学生上课，急急忙忙地从住地出发赶路，走着、走着，不一会儿，他感到脚掌针刺般的疼痛。低下头一看，哎哟！脚上穿的那双旧麻鞋只剩下鞋帮，鞋底不知什么时候走丢了。东郭先生赤脚站在雪地里，冻得他够呛，上下牙齿直打战。突然，他灵机一动，从肩上背的口袋里，摸出两块麻布和几根麻线来，把脚包上了。

到了学堂里，孩子们看见东郭先生的脚上裹着布，鼓得像两个"大瓜"，样子十分滑稽，便忍着笑问道："老师，您脚上是什么呀？"东郭先生自我解嘲地说："怎么，连这个也不晓得吗？它叫足衣（给脚穿的衣服）。冬天穿上可以保护脚不受冻哩。"

学生们听了都觉得既新鲜，又有道理，回家后便缠着妈妈嚷着要穿"足衣"。大人听了小孩的介绍之后，也拿出麻布来，比划着孩子脚的尺寸缝成一个"套筒"。因为只能包住脚，又是用麻布做的，所以民间又叫它"布履"。

足衣的样子

从此以后，人们便改变了过去一直"打赤脚"的习俗。绝大多数人开始穿上"布履"（足衣），只是在农村仍旧没有改变先前光脚干活的习惯。穷苦人家也没有钱去另外添置足衣。这样一来，虽然布履在我国曾经流行过很长的一段时间，但是令人感到惋惜的是，究竟还是不清楚足衣实物到底如何。

直到 1972 年，在长沙马王堆西汉墓中出土了两双绢面（丝绸）的"袜子"，那是用一块整绢从脚下方包至脚面，上方后侧有两片开口，并口处附有布带，可以系扎打结，形成一个船的模样。从足衣使用的材料上看，墓葬的主人很可能是一个贵族，家里比较富裕。这样才使我们知道了古代的足衣到底是一个什么样子。

试想一下，古代的足衣与现代的袜子在质料、式样、穿着上到底有哪些不一样？从它的发明与变化可以联想到一些什么事情？

现代的织袜

弹指一挥，1700 多年的时光一下子过去了。到了 1564 年，英国人黑德尔发明了用羊毛、棉花等手工编织线袜。他编织的这种"长筒形"袜子，是专供骑马的军官使用的。这时长筒袜成为有权有钱的人的"特供品"，一般老百姓穿不上，打赤脚的人仍然多的是。

　　1589年，英国神学院里有一名学生——威廉·李发明了一种手动缝制袜子的机器，比手工缝制速度快6倍，这是缝制机的鼻祖。

　　1945年第二次世界大战结束，化学工业获得很大的发展。曾几何时，"玻璃丝袜"的销售成为轰动一时的时尚。女士们也大量穿起丝袜来，互相攀比，促使形形色色的袜子"满天飞"，这是后话了。

09 橡胶液的启发——雨衣

◇ ⋯⋯⋯⋯⋯⋯

天下雨了，出门的人通常是拿起雨伞或者穿上雨衣，这已是司空见惯的事。可是，在古时候，雨伞、雨衣都没有被发明出来，怎么办？在我国，古人最先想出的办法是：身披蓑衣、头戴斗笠，就像有一幅古画《寒江图》上面画的那个样子。当然，那时的蓑衣、斗笠都是由植物材料（如竹条、藤叶、棕榈皮）做成的，只能够遮挡一点点斜风细雨，穿戴也不方便。后来，又有了雨伞、防雨布之类，但都比不上穿雨衣方便、实用。近代的雨衣起源于英国，它是在 19 世纪初叶，由英格兰的橡胶工人麦金杜斯发明的。

脏衣怎么变成雨衣

1823 年的苏格兰一家橡胶工厂里，有一个名叫麦金杜斯的工人，因为买不起雨伞，每逢下雨天总是冒雨上下班，所以他非常讨厌雨天。有一天，他工作得很累，快下班前，一不小心将橡胶液泼在自己的衣服上。这让麦金杜斯很难过，衣服弄脏了，用什么来换洗呢？无奈，他只得用手去抹沾在衣服上的橡胶液，很想把它擦个干净。可是，衣服上的污点粘得牢牢实实的，根本擦不掉。不但没有擦掉，反而涂成了一大片。

正当他十分伤心的时候，突然间又逢外边大雨倾盆，同伴们不禁一齐哄笑起来。麦金杜斯一赌气，干脆用剩余的橡胶液把外衣、外裤全都涂刷了一遍。他就穿着这一身脏乎乎的衣服，走向雾气腾腾的雨帘中……

大伙都担心这个玩笑开过了头，搞不好麦金杜斯将受凉患感冒，而生病又会带来一连串的问题，如扣发工资，负担医药费等。出乎众人意料的是，第二天一大早，麦金杜斯兴冲冲地回到车间上班了。他把头天在雨里发生的"巧遇"——这身脏衣裤如何防水之事，有滋有味地讲给大家听。原来当他穿着这样的脏衣服冒雨下班之后，发现了一件奇怪的事，就是这些脏斑并不透雨。他眼睛一亮，心想：这不就是早就向往的不透雨的衣服吗？假如用橡胶液把衣裤表面全都涂上，不是可以用来挡雨吗？

自从有了这件"新衣服"之后，麦金杜斯再也不愁老天爷下雨了。这件新奇的事很快就传开了，工厂里的同事们知道后，也纷纷效仿麦金杜斯的做法，制成了能防水的胶布雨衣。世界上第一件胶布雨衣就这样诞生了。直到现在，"雨衣"这个词，在英语里仍叫"麦金杜斯"（mackintosh）。这是人们没有忘记麦金杜斯的功劳，对他的永久纪念。

军用品改为民用品

麦金杜斯无意中的这个发现引起了工厂老板的兴趣，他决定投资做雨衣。然而麦金杜斯发明的第一件雨衣并不理想，因为用的是生橡胶，冬天里硬邦邦的，夏天里直黏手。为了克服这个缺点，麦金杜斯进行了许多次试验，终于发现了用橡胶和松节油的混合物浸润过的棉布，能保持良好的柔软性，于是制成了质地较好的胶布雨衣。

后来，胶布雨衣的名声越来越大，引起了英国冶金专家帕克斯的注意，他也兴趣盎然地研究起这种特殊的衣服来。帕克斯感到，涂了橡胶的衣服虽然不透水，但又硬又脆，穿在身上既不美观，也不舒服。他决定对这种衣服进行一番改进。这一番改进，竟花费了十多年的工夫。到 1884 年，帕克斯才发明了用二硫化碳作溶剂溶解橡胶、制取防水用品的技术，并申请了专利。为了使这项发明能很快地应用于生产、转化为商品，他把这项专利卖给了一个叫查尔斯的商人，后者便开始生产防水雨衣，查尔斯防水雨衣制造公司很快就闻名于世。

转眼之间到了 20 世纪初叶，第一次世界大战爆发了。以英国、法国、俄国组成的"协约国"和以德国、奥地利、意大利组成的"同盟国"两大军事集团，彼此之间的斗争日趋激烈。英国军队常常要去东欧和南欧冒雨打仗。有一个名字叫托马斯的英国衣料商人看到这一千载难逢的商机，他打算开发军用的"防雨大衣"，以此与查尔斯的防水雨衣唱"对台戏"。

托马斯邀请了一些服装专家，从战斗的实际需要出发，把大衣的款式做了全新的设计：衣服面料内层轻涂一层薄薄的胶乳，结成双排扣，有腰带束紧（以利保暖），衣领可开可折，在胸部和后背各贴上一块涂有橡胶的挡雨布，下摆宽大（利于行军），等等。这种防雨大衣，晴天、阴天、雨天都能穿，能挡风、保暖、避水，同时还有气派，故一发放到军士手里，立即受到热烈的欢迎。

头脑灵活的托马斯不愧是一名真正的商人。他想：既然军队能使用，如果再改变一下成为"晴雨两用"的风衣，不是也能行吗？于是，考虑到防雨大衣的成本较贵，把面料、加工、缝制等方面加以简化，做成了一种能够抵挡小雨的大衣，取名为秋季风衣。此后，有许多军用品适度地改一下就变成了民用品了。

10 人造的"保护色"——迷彩服

◇ ⋯⋯⋯⋯⋯

军人穿着的制式服装,主要是士兵穿的衣服,通称军服。军服是军队的识别标志之一,也是国威、军威和军人仪表的象征。古时候,世界上各个国家的士兵穿的衣服是很不一样的,称得上"五花八门"。17 世纪,法国军队最先实现军服式样统一,便产生了军服的概念。军服一般分为战服、常服和礼服,如果参加演习、投入战斗就必须改穿战服。战服中最有名的是迷彩服,它是谁发明的?

士兵穿什么衣服

早先,为了使军容鲜明,容易识别,军服往往选用的颜色有白色和红色。例如,英国军队头戴熊皮圆筒帽,上身穿红色燕尾服,下身着白色长裤,脚蹬高腰长筒靴。当时设计这种华丽军服的构思是,它比较醒目,又可掩盖血迹,以减少士兵心理上的恐惧。但是,如果打起仗来,就把目标暴露无遗,容易遭受攻击。18 世纪以后,军服式样、颜色有了一些变化,改变过去单纯注重式样而实际使用很不方便的情况。19 世纪中叶,随着兵器的改进,这些国家的军队不得不改变那些对实战没有任何益处的军服。由此,一种利用颜色色块使士兵形体融于背景色的伪装性军服——"迷彩服"就出现了。

所谓迷彩服，就是由绿、黄、黑、棕等色斑组成的作战服。在现代战争中使用的"红外夜视镜""激光侦察仪""电子形象增强器"等，不论是密密丛林，还是漆黑之夜，都能够将对方埋伏的兵力观察得一清二楚，但是，如果让士兵穿上迷彩服，其伪装性和隐蔽性大大增加，可以迷惑那些"火眼金睛"，使之一片模糊。迷彩服竟有如此神奇的作用！

近年来，形形色色的时装引领服装新潮流，想不到，本来用于军事的迷彩服也成了许多青少年喜爱的时装。可是，你是否知道迷彩服的由来？

英军为啥打不赢

18 世纪，英国殖民者飞速扩张，这个号称海上霸王的"狮子岛"国，凭借炮舰政策到处耀武扬威。1890 年，英军横冲直撞地入侵非洲大陆最南端的"彩虹之国"南非。这里气候温和，土地肥沃，物产丰饶，黄金、钻石的储量和产量均居世界第一位。英军上岸后大肆抢劫，并强行驱走当地的土著居民（班图人和布尔人）。正当他们准备运回大量财宝之际，土著人忍无可忍，向英军发动了进攻。结果是英军横尸遍野，损失惨重。土著人打完就走，伤亡极少。

英国军官好生奇怪：论军队人数，双方兵力对比约为 5:1。英军人多，成百上千；土著人少，三五一伙，散兵游勇；论武器火力，英军有枪、有炮，远程射击；土著人木棍、毒箭，近距搏杀。为什么英军老打不赢呢？他们向英军统帅部打了报告。

不久，几个专家来到前线进行调查。调查的结果让统帅大感意外，原来英军吃败仗的主要原因是士兵穿的服装颜色有问题！专家们解释道：土著人头上盘着树枝、身上披着树叶，躲在树丛里，很难被发现。而我们自己的士兵，"上红下白高帽子"，在野外平地非常显眼，目标大，容易遭到攻击，一打一个准，哪能不吃亏？有一位专家还带回几个活蚱蜢请大家看，然后说道：蚱蜢躲在草丛里，我们为什么很难发现？因为它身上的黄绿颜色同周围环境很相似，这叫保护色。如果我们要打胜仗，原来的红色军服必须改成黄绿色。

提高军服保护效果

统帅部采纳了专家们的建议，很快下达了命令，把英国士兵的军服一律改换成黄绿色，同时火炮的炮身也涂刷成黄绿色，以增加隐蔽性。从此以后，战局发生转折，英军连连获胜。在英军与土著人进行的持续近三年的战斗中，一开始土著人发现，英军穿红色军服，在南非的森林和热带草原的绿色中格外醒目，极易暴露，立即将自己的服装和武器改为草绿色，便于在密草丛林中隐藏。他们常常神不知鬼不觉地靠近英军，突然发动袭击，打得英军措手不及。这场战争虽然最终是英军取得了胜利，但英军却付出了伤亡达9万多人的高昂代价。从此，欧洲各国认识到在战场上人员伪装的重要性，纷纷把鲜艳的军服颜色改为绿色或黄色，以达到伪装、隐蔽的目的。

说到这里，只是讲了迷彩服功能的一半。那时许多国家规定军人穿草绿色军服，是出于在陆地上作战的考虑。实际上战场是多变的，还有空中打击等问题并没有解决。

第二次世界大战爆发后的1943年，德国飞机狂轰滥炸伦敦及周边地区，英国飞机也对在西欧作战的德军进行打击。当时，德军身着黄绿色军服、头戴黄绿色钢盔，野炮也涂成黄绿色。英国飞机一旦发现有移动的"绿色区"，就低空俯冲扫射。因此，德国部队在战区调动中常遭到英国飞机的袭击，士兵死伤惨重。柏林大本营正无计可施的时候，得到前方军事机密报告，有一支几

迷彩服

千人的德军，因天气寒冷，黄绿色军服单薄，在换防过程中军士们把各种颜色的布、衣缠在身上御寒，居然躲过了英国飞机的侦察和攻击。大本营的专家们于是又进行了一番调查研究，终于制出了一种叫三色迷彩服的军装。它把以前单一的黄绿色，改为深绿、浅绿和土黄的混合色。这些色块有的似条纹，有的似斑点，弯弯扭扭，很不规则。从高空向下看，或者从远处望去，给人以似动非动的错觉，能迷惑对方的眼睛，看不清有人还是没有人。

为什么迷彩服的颜色不能是单一色？为什么线条只能是不规则的曲线而不能是直线？因为大自然既是色彩斑斓的，又没有形状绝对规则的花和叶。如果有的话，就会很容易让人发现。经过研究，在制造迷彩服所使用的染料中，又加入了一些特殊的化学物质，它能使迷彩服反射红外线的能力与周围自然景色的反射能力基本相同。这样一来，军服的伪装性能就更好了。所以，世界各国的军事专家从保护自己、打击敌人这个原则出发，进一步研制了适应各种不同战斗范围的迷彩服，如四色迷彩服、六色迷彩服等。根据现代化战争的发展需要，又出现了山地型、雪地型、沙漠型、海洋型的多种迷彩服，等等。

由此可知，在发明迷彩服的过程中，花去了多少人的精力和时间，从最初的绿军装进而到出现迷彩服，需要不断地加深对科学、对自然的认识，永远不会停止在一个水平上。

11　哥姐穿上大长袍——学位服

◇ ·················

中学生有校服，大学生穿什么呢？平日在大学校园内的本科生或研究生，穿着很随意。可是几年寒窗苦读之后，要毕业了，去参加毕业典礼，无论如何也都要穿上一套礼服吧。或许穿上它去照几张相，留作永久的纪念也是不错的选择。

大学生毕业时穿的礼服叫什么？它是怎么来的？换句话说，这些大哥大姐们穿的大长袍——它应该叫学位服，是什么年代、又是谁设计出来的呢？你知道吗？

欧洲大学的兴起

先问你一个问题：现代的大学是什么时候才有的？古代的私塾、学堂、家学等暂且不谈，现代大学的开端可以追溯到一千多年以前的中世纪欧洲。历史上的中世纪欧洲，通常是指公元 5 世纪（西罗马帝国灭亡）到公元 17 世纪（英国资产阶级革命发生）为止。在这段既漫长、又黑暗的日子里，欧洲的文化随着罗马帝国的消亡、希腊古典文化的被摧残而迅速走向衰败。各种教育机构荡然无存，罗马基督教会成了欧洲古代文化的主要承继者和传播者。

公元 14 世纪初叶，意大利最早产生了资本主义的萌芽，资产阶级希望冲破教会、神学的束缚，发起了文艺复兴运动。在意大利北部的博洛尼亚城，吸引了八方来客。他们都是有思想、有共同追求的年轻人（学生），带着纯粹求学的目的聚在一起。他们租借房屋（有时也借宿教会），聘请讲师，共同探讨，初步形成了一个授受知识的模式。随着学生人数的增多，就不可避免地与当地的居民产生矛盾。当地居民见到有利可图，便提高房租。为了与之相对抗，学生们组成了学生社团（学生同乡会），以求得公平对待。在政府的干预下，学生在与居民争论后取得了胜利。于是，学生们便自发组成一个大团体，管理他们自己的事务。他们把自己的行会称为 Universitals（拉丁语，意为共同体），后转译为大学（University）。

同乡会还专门聘请了教师，让他们成立分行会（即教授委员会）。也就是说，最初的大学机构就是由这些教师和学生的行会（董事会）共同组成的。董事会同时还制定给学生颁发证件的规矩——借以确认他们达到了相应的知识水平。这就是早期学位的授予。这样，一个早期的大学雏形就出现了。当初大学的主要职责是"培养学生、坚持学习和研究的传统"。师生共同学习研究，这大概是"共同求学""学习课程的观念"的最初内涵。因此，大学的荣耀在于"学问的神圣化"。

随着城市经济的发展，当地学到了新知的人又要到另外一些地方去组织学习。于是，又有了包含硕士、博士（都是教师、师傅的意思。这两种学位，在当时只是学科类别的不同，并无等级的高下之分）的学位制度。毕业的时候，为慎重起见，规定学生们着装一律要穿礼服——学位长袍。

学位长袍的由来

大学礼服是怎么来的呢？一个原因是来源于基督教。从 12 世纪开始，由于基督教的发展，需要大量的神职人员帮助主教管理他们的教区，于是陆续出现了修道院，即教区学校。教会利用这些场所，对教士和僧侣进行读、写、算和教义基本知识的教育。他们采用的文化课，被称为"七艺"（语法、修辞、逻辑、自述、几何、音乐、天文）。这些学校的教师在意大利称为博士（Doctor，来源于拉丁文 doctoreum，意即教师），而在巴黎则称为硕士（Master，来源于拉丁文 magister，意即教师，师傅）。这些神职人员穿传统的长袍。

另一个原因是由于天气寒冷。在中世纪的欧洲，因一般气温较低，故城镇里的人都穿长袍。尤其是在寒冷的冬天，正是学生毕业的时间，穿着长袍才能不怕大风吹拂。既然在早期大学中的学者都是传教士，他们的穿着应与其在修道院的地位相一致。于是，这种僧侣的黑色长袍和头巾演变成了今天的大学流行的礼服，不但学校毕业典礼的仪式上要穿，其他一些重大庆典也要穿。

学位服的意义大

法国巴黎大学首创学位制度，学位分博士、硕士和学士三个等级。为了能在学位授予典礼上体现出标志不同学识的各级学位，服装设计师应巴黎大学校长的请求，设计出统一规范的学位服。我国现在实行的学位服，是根据国务院学位委员会的决定统一制作的，它既有中国特色，又符合世界惯例。参照国际标准，我国学位服也由学位帽、流苏、学位袍和垂布四部分组成，款式、颜色与世界惯例大致相同。

学位帽的造型，统一为书本式方形，黑色，含有书本（代表知识）的意义。在颜色上不分学位级别和校长、导师，一律使用黑色，显得庄重、沉稳。

流苏的造型酷似中国的灯笼穗，悬挂于学位帽上，使得学位服在庄重大方的同时，透出活泼和飘逸之感，更与学位帽构成一个有机整体，避免学位帽的呆板之嫌。它又是不同学位的重要区别——博士学位帽的流苏为红色，硕士学位帽的流苏为深蓝色，学士学位帽的流苏为黑色。对穿着学位服者是否已获得学位的判定，是

学位服

通过流苏悬挂于学位帽的位置来识别的。未获得学位时，流苏是垂挂在着装人所戴学位帽的帽檐右前侧中部；获得学位后，流苏则垂于帽檐左前侧的中部。流苏位置的移动，是由校长（或校学位评定委员会主席）在学位授予仪式上，颁授学位之后亲手来移动。

垂布又称披肩，它的饰边颜色是学科专业的重要标识物，按文、理、工、农、医、军事六大专业，分别为粉、灰、黄、绿、白和红色。

学位袍是学位服的主体，考虑到学位服的世界惯例和整体效果等因素，现行学位服没有采用立领造型。在色彩的规定方面，博士袍选用了黑、红两色，黑色是主色调，饰边为红色；硕士袍由蓝、深蓝两色构成，在蓝色为主色调的同时，饰边为深蓝色。这与中国统一实行的红色博士学位证书、蓝色硕士学位证书也是相一致的。学士学位袍为纯黑色。

学位服是学位的有形、可见标志之一。学位服一方面能较好地向大众体现出标志不同学识的各级学位和穿着者的学术水平，更重要的是能营造出一种特殊的氛围，显示尊重知识、尊重人才的社会风尚。学位服加身，标志着一个人的人生事业旅途的重要转折，既可唤起对过去求学时代的美好回忆，蕴藏着对导师、学友和母校的尊敬与眷恋，又可成为今后在知识海洋中永不停步的动力，同时也感受到社会对自己的期待。

12　九天去揽月——航天服

◇ ‥‥‥‥‥‥

　　自从我国"神舟飞船"飞上太空后，证实了中国的宇航事业获得了空前的发展，取得了巨大的进步，让国人感到自豪，让世界为之瞩目。宇航的范围是一个崭新的天地，与地球相比实在是差别太大了。大家很难想象，宇宙空间温度低到 - 200℃是个什么样的情景，一杯水不到 30 秒就被冻成冰块！而我们的宇航员穿上航天服后，好像随身带了一个"小暖炉"，可以进舱出舱，自由行走。

　　航天服是什么样的衣服？它是用什么做成的？有什么性能？在制作的过程中遇到过什么难题？又是怎样攻克的？

航天服的概念

　　航天服也称宇宙服、宇航服，是在载人航天中宇航员穿的一种"服装系统"，是保障航天员的生命活动和工作能力的必备的个人密闭装备。从功能上看，航天服有舱内航天服和舱外航天服两种；从结构上看，可分为软式、硬式和软硬结合航天服。

　　无论哪种航天服都由多层组成，它们互相连接形成一个整体，但要求各层的质量要好、要轻、不能过厚，以避免影响宇航员的行动。更重要的是，航天服还要防护空间的真空、高低温、太阳辐射和微流星等环境因素对人体的危害。在真空环境中，人体血液里含有的氮会"升华"成气体，使体积骤然膨胀增大压力。如果人不穿加压气密的航天服，就会因体内外的压差悬殊而发生生命危险。

航天服

　　航天服在结构上分为 6 层：第 1 层是内衣舒适层，宇航员在飞行中不能洗换衣服，故选用质地柔软和透气性良好的棉针织品。第 2 层是保暖层，选用保暖性好的材料如微电纤维絮片，与人体微电流共振发热，保持正常体温。第 3 层是通风层和水冷层，在宇航员体热过高的情况下，利用它散发热量。通风层和水冷层多采用聚氯乙烯管或尼龙膜等塑料管制成。第 4 层是气密限制层，在真空环境中，只有保持宇航员身体周围有一定压力时，才能保证宇航员的生命安全。因此气密限制层是采用气密性好的涂氯丁尼龙胶布等材料制成的。第 5 层是隔热层，这一层起过热或过冷保护作用，它用多层镀铝的聚酯薄膜制成。第 6 层是外罩防护层，大部分用镀铝织物制成。它要求防火、防热辐射和防宇宙空间各种微流星、宇宙射线等对人体的危害。此外，与航天服配套的还有头盔、手套、靴子等等。

攻克两个难题

航天服全套的总重量约 120 千克。颜色：白色。每套造价：约 3000 万人民币。制作航天服的工序不可胜数，其中遇到的难题也多如牛毛。现举两个来加以说明。

第一个难题是焊接密封性。航天服的躯干壳体是一个重量只有 8 千克的金属框架，其壁厚大约不到 10 张纸摞起来。在金属框架上还要焊接 30 多个大小不同的零件，以解决躯干壳体与肩关节的连接问题。焊缝的总长度有 11 米，要求焊点、焊线不能有一丝虚焊，100% 的密封。因为一旦漏气，直接威胁宇航员的生命安全。为了保证焊接绝对可靠，有关单位的科技人员奋战了 18 个月，设计生产工艺装备 160 多项、300 多套，获得专利 15 项，终于彻底解决了这个密封性问题。

第二个难题是研发纸尿裤。宇航员上天后往往会遇到排尿问题，这是生理上的需要，搞不好很麻烦。早在 1961 年，人类的第一位太空英雄、苏联人加加林，在要步入发射舱时突然感到尿急，没办法，他只好下来，靠着一辆汽车的轮子，将尿顺着航天服的管子向外排泄。同样，美国的第一位遨游太空的宇航员谢泼德也遇到了尿急，指挥官命令他尿在航天服里。这是一个冒险的行为，因为尿液的热度可能会使设备失灵。好在尿液很快冷却了，悲剧没有发生。直到 20 世纪 80 年代，美国太空总署的华裔工程师唐鑫源，利用高分子微胶囊发明了能吸水 1400 毫升的纸尿裤，才把宇航员的排尿问题解决了。

航天服的制造和发展时间还相当短。现在正在开发的航天服与过去的航天服相比，外观上有明显的不同，全身是金属铠甲那样的刚性结构，仅关节部分是可折皱的软结构。目前，已试制成的这种航天服重达 90 千克，穿在身上根本无法在地面上行走。所幸的是，在太空中，重力变小了，宇航员不用费很大的力气。未来的航天服将更适合人类航天和在太空生活的需要。

13　　下海擒蛟龙——潜水衣

◇ ⋯⋯⋯⋯⋯

　　在我国辽阔无垠的江河湖海等水域里，蕴藏有宝贵、丰富的资源，很早以前，人们就向往着到水下去探宝。同时，为了做好防水救灾、打捞沉船、疏通航道、水下施工等事项，都需要有一批潜水员下水工作。在水底下，没有氧气，没有办法呼吸，水越深，水压越高。如果没有特殊的装置，人是不能在下面干活的。那么，潜水员下水究竟穿什么样的衣服呢？

潜水衣的演变

　　1679 年，意大利人博雷利创制了世界上第一套潜水衣，即对原来那种只露出两只眼睛并装有一根通气管的头盔帽进行了改进，成为一种密封装备。潜水衣里靠"气泵"保持空气流通，潜水员穿上它就可以避免或减轻水下的压力。1715 年，莱思布里奇制出了一种皮制潜水衣，但这种潜水衣只能在 3.5 米以内的水深中使用。1797年，克林盖特设计制造了用锡制圆筒帽罩在头部、用皮革制成救生衣的潜水衣，并经受了潜水实践的考验。1819 年，英国人西贝发明了一种比较成功的水面气泵式潜水衣，这种潜水衣与水面的空气筒相联结，并配有钢制的头盔帽，可以潜到水下 75 米的深处。1857

年，法国人卡比罗尔发明了橡皮制成的潜水衣，这种潜水衣经过以后的多次改进，至今仍在使用。

到了 19 世纪，人类潜水到海底的愿望才真正得以实现。有了潜水衣，空气由水面上供给。但由于潜水衣太笨重，使用极不方便。

1943 年，法国海军少校库斯陶设计出一种具有 150～200 个大气压的背负式压缩氧气瓶的水中呼吸器，从而使潜水员可以远离母船而潜入水下 40 米深处，不再受母船送气的限制，潜水作业领域不断扩展开去。今天，我们在电视节目中，经常看到一些科学家携带着这种水下呼吸器，在海洋里自由地观察水下世界。

潜水衣的构成

潜水衣实际上只是潜水装备的一部分。潜水装备还包括有"头盔帽"（像帽子一样罩住头部）、潜水鞋（带有长的蹼翼）和压铅（装在胸前和背后，约重 20 千克）等。潜水衣是由多层布料、合成纤维和橡胶等材料，还要加上部分金属材料加工制成的。它一共有五层结构，由外边到里边是尼龙层（抗刮擦）、钛层（抗寒）、橡胶层（防水）、毛绒层（柔韧）、内衬层（保温）。

头盔帽上配有防碎玻璃做的观察孔眼、长长的呼吸管线、一台半导体对讲机等。潜水鞋是潜水员潜水时脚上穿的一种特殊鞋子。深潜水时使用潜水靴，浅潜水时使用潜水脚蹼或蛙鞋。压铅是一种金属铅的重块，是为增加水的负浮力，保证潜水员下潜时具有正常的水下稳定性而配备的铅制压重物。前压铅 12.5 千克，后压铅 12 千克，与压铅拉攀和吊环紧紧地拴在一起。

潜水装备的总重量约为 120 千克。你想一想，穿在身上有多么沉重，行走又多么不便。不过，因为水有浮力，太轻了人就不能下到水深处。实际上在水中也不感到特别的重。

潜水衣的功能

潜水衣最主要的功能，首先是防止潜水时体温散失过快，造成失温。它还要保护身体不被礁石割伤，以及水母、海葵等生物的伤害。其次，潜水衣必须要合身，潜水衣与身体之间的海水和外界交换要尽可能少，潜水衣才能够使行动比较自由，不受海水压力的影响。最后是潜水衣不透气、不透水，能够保证正常的呼吸，故在深水中可以进行各种科学探险等活动。

潜水衣在水中有保持体温、保护身体和提供浮力三大作用，一般可分为干式潜水衣和湿式潜水衣两种。

干式潜水衣：穿着干式潜水衣时，身体完全与水隔绝，依水温情况，可以在里面着毛衣加强保温。现在至少有三种材质做的干式潜水衣，泡沫合成橡胶、合成橡胶和尼龙材质。

湿式潜水衣：这种潜水衣由发泡橡胶或尼龙布制作，必须合身贴于皮肤，能使内外水的流动交换尽可能减少，隔离效果很好。

潜水衣

干式潜水衣的造价比湿式潜水衣贵很多。因为须有特别的防水拉链和其他配件，如干式潜水充气排气的装置等。使用干式潜水衣必须经过特别的训练，要学习如何控制及使用。干式潜水衣保养和维护的方法是，潜水之后干式潜水衣要浸泡清水及避免阳光曝晒，尽可能存放在通风而阴凉的地方。拉链要经常润滑，不可长期折叠，以防止造成泡沫合成橡胶无法恢复的皱褶。

为什么潜水员到了水下之后，水面上会不断地冒"气泡"呢？原来这些气泡是从潜水衣内排出的空气。因为潜水员在水下活动时呼吸的空气是通过母船上的空气压缩机，经过管线送进潜水衣里面去的。当潜水员感到压力大、呼吸急促时，只要用头把头盔内的排气阀门轻轻地碰一下，空气就会自然地排到水里，形成的气泡便上浮到水面来了。

再者，潜水员在水下怎么跟母船上的人取得联系呢？从前，采用的是老办法，很原始也有趣：就是在潜水员腰上系一根很长很长的绳子。下水之后，一旦遇到了什么情况，就按事先约定的暗号拉动几下绳子。跟我们在孩童时做游戏差不多。而现在，在头盔里安装有对讲机，可以直接通话。瞧，这该有多方便！

潜水员在水下工作

三 用之妙

用，帮助自己扩大本领的东西

Faming Chuanqi

01　　　　　饿汉的奇想——高压锅

◇ ⋯⋯⋯⋯⋯⋯

　　在每户人家的厨房里，都有做饭的锅——铁锅、铝锅等，它们是普通锅，还有一种与这些锅不同的锅，叫高压锅。它是谁发明的？这要从一个饿汉的遭遇说起。

饿汉往事

　　三百多年前，有一位法国小青年，名叫帕平。他家境贫寒，本人酷爱读书。为了求得发展，帕平决定出国去瑞士的大学深造。为了节省费用，他打算自带行李、干粮等独自沿着阿尔卑斯山徒步东行。一路上，帕平风餐露宿，渴了找点山泉水喝，饿了煮点土豆吃。

　　有一天，帕平走到一座高山上，抬头仰望，蓝天白云，不时有秃鹰飞过。因为爬山，他觉得有点累，肚子也咕咕响。于是，便就近找来一些干树枝，架起了篝火，煮起土豆来。尽管锅里的水滚开了一次又一次，土豆仍然是生生的。奇怪？土豆为什么煮不熟呢？为了满足肚子的要求，他无可奈何地只好把没有熟的土豆硬是吞了下去。一个饿汉，孤单无助，好可怜啊。此后，这件事时不时地在帕平的脑海里闪动，印象深极了。

努力钻研

　　几年之后，帕平的生活有了很大的转机。他来到伦敦，担当了著名的英国大科学家波义耳（1627—1691）的助手，并参加了皇家科学院（学会）。可是，对阿尔卑斯山上的那段往事，他记忆犹新。帕平找来了许多参考书，查对了该山的高度。一连串的问题在他的脑海中翻腾着：为什么在高山上会产生那个现象？水的沸点与大气压有什么关系？唔，原来这是因为高山上的空气比海平面稀薄，故大气压较低的缘故。在海平面上的大气压相应的开水温度是100℃，如果低于这个大气压，其温度会下降，水不到100℃就沸腾了，所以土豆难煮熟。随后他又设想：如果用人工的办法让气压加大，水的沸点就不会像在平地上只有100℃，而是更高些。那么煮东西所花的时间或许会更短，消耗的燃料会更少。

　　然而，怎样才能提高气压？1679年，帕平动手做了一个圆筒形的容器（锅体）——它有一个相对应的、盖得很紧的盖子（锅盖），两样组合起来便成为一个密闭的圆筒锅，他把它叫"压力锅"。帕平想利用加热的方法，让容器内的水蒸气不断增加，又不散失，使容器内的气压越来越大，水的

高压锅

沸点也越来越高。可是，当他睁大眼睛盯着加热容器的时候，容器内发出一连串"咚咚"的响声，锅边"吱吱"地喷气。帕平吓了一跳，只好暂时停止了试验。为什么会有这种现象？帕平针对问题，重新绘制了新图纸。他在锅体与锅盖之间加了一个橡皮圈，锅盖上还钻了一个小孔洞。这样一来，就解决了锅内发声和锅边漏气的问题。帕平用新的压力锅再次进行试验，他把洗净的土豆放入锅内，点火，冒气，十多分钟之后，土豆就煮烂了。

　　1681年，帕平造出了世界上第一个压力锅。他邀请了一些英国皇家科学院的院士来参加一个带有发布性质的午餐会，这实际上是

对压力锅进行"鉴定"。会前，向与会者每人赠送一本《新的烹调器》小册子。内容包括一幅压力锅的结构图和详细说明，还介绍了使用压力锅做牛肉、羊肉、兔子肉、鸽子肉、鲭鱼等的方法。帕平写道："如果使用这种炊具，即使是又老又硬的牛肉，也能够像是嫩牛肉一般，做出来一定是鲜美可口的牛肉了。"

会议开始，帕平作了简短的致辞。一个带着高高白帽子的厨师，当着众多气宇轩昂的院士们，把几只活蹦乱跳的公鸡宰杀完毕，塞进压力锅里，然后架在火炉上。那些满腹经纶的专家一杯茶还没有喝完，一盘盘热气腾腾、香气扑鼻的清蒸鸡，已经摆在他们的桌上了。哈！鸡肉全烂熟了，鸡骨头也软了。"这不是在变魔术吗？"这些老资格、又爱挑眼的科学家被折服了。从此，帕平与压力锅名扬四方。

不断改进

任何大大小小的发明，起初都存在着一些不完善之处。压力锅的第一代产品，尽管有一些优点，但是，销路并不理想。原因是用户害怕因为压力高而引起爆炸。后来，经过许多发明家和工程师的改进，一些制造商也制定了严格的高压锅的生产标准（为引起重视，将压力锅更名为高压锅），这样，就有了很大的保险系数，即使最粗心的人也不容易出事故。

难道高压锅只能用来煮吃的吗？非也。如果去医院、工厂和学校做一番调查了解，可能会获得更多的知识。在医院里，为了把针头、消毒布、手术器械等进行灭菌处理，使用类似高压锅的消毒锅是可行的。在化工厂，生产时有许多化学反应，在常温常压下难以发生，如果有人造的高温、高压条件，比如化工高压反应釜，那么就可以合成很多新产品。在学校里，学生饮开水有困难，借助制高压锅的原理，可以制造开水罐来解决这个问题。

高压锅或利用制高压锅的原理，还有哪些用途？高压锅是否还有需要再改进的地方？你们不妨也想一想吧。

02　孟尝君的绝招——饭碗

◇ ⋯⋯⋯⋯

很早很早以前，那时还没有发明碗，人们吃饭多用手抓。后来又拿竹筒、荷叶去包饭，等蒸熟了也用手捧着吃。再后来，是全家人捧着木盂和木勺围着一锅粥或菜盘子舀着吃。如此这般，过去了很长的一段时光。现在你在家吃饭的时候，必须用饭碗，对不对？可是，我们从什么时候开始用碗吃饭的，你知道吗？

门客与碗

大约在 2400 年前，我国版图上出现了许多诸侯国，史称战国时代。在齐国（今山东境内）有个名叫田文的人，别号孟尝君。他世袭了父亲的爵位，当上了齐国相国（相当于政府总理）。那时，西边的秦国为了挫败齐国，密谋用造谣进谗，离间齐国国王与孟尝君的关系。孟尝君襟怀坦荡，奏请齐王提防，不要上当，自己依旧恪尽职守，为国效劳。为了广纳天下的贤才奇士，大治齐国，他广交朋友，广结善缘。不管是什么样的人，只要不干坏事，愿意帮他出主意，他就说：好，好，请到我相府上来当"门客"（相当今天称的幕僚、参谋人员）吧。这里有吃有住，保你自由、快活⋯⋯

后来，投奔到孟尝君府中的门客越来越多，相府里住了 3000

孟尝君

人。不论这些人干事或不干事，干多或干少，他都以诚相待，决不冷落。甚至有的人要求食鱼、坐车乃至升为上宾，他也一一允诺。这么多人每天开两顿饭——顺便提一句，我国汉代以前每天吃两顿饭，从汉代开始才改为每天三顿饭。中国文化和西方文化虽然在饮食方面有很大的不同，但是由一日两餐过渡到一日三餐却是相同的。几百年前，欧洲人一日两餐非常普遍。也就是说每天只有"偶中"（相当于上午 10 点钟）和"申时"（相当于下午 4 点钟）为开饭时间，错过了这个时间就吃不成，所以古人就讲"食不时不食"。每天在相府这两个时间秩序都非常混乱，你推我挤，乱哄哄的，又互不认识。周围的许多老百姓了解了这个情况后，"浑水摸鱼"，趁机跟着进去一块混饭吃（类似今天开大型会议时，中午有些与会议无关的人也夹进去就餐，被称为蹭饭的"混客"）。日子一天一天地过去，粮食消耗日益增多，亏空加大，管事的人就把这个情况向田相国"汇报"了。

"怎样才能把门客与老百姓区别开来呢？"孟尝君考虑许久，终于想出一个办法。于是，他让手下人去陶器作坊里烧制了 3000 个陶碗，每个门客发一个，有碗就有饭，没碗就是混进来的。这个办法很灵，不久老百姓再也不敢溜进去混饭吃了。

陶碗趣闻

陶碗又称土碗，是用黄泥巴做成的。虽然在窑里经过了火烧，成型后比较坚硬，但还是很怕碰、怕摔、怕碎。因此，拿到陶碗的门客们都十分小心，恐怕被弄破了没有饭吃。有一天，孟尝君回到相府，正好 3000 人在吃饭，其中有好多人面孔陌生，他既不认识，也记不清到底是怎么进相府来的。孟尝君随意地走到一个人跟前，想测试一下这个人究竟有多大的学问和本领，便问道："你碗里的粥是用什么煮的？"

那人结结巴巴地回答："我，我不……知道。"

孟尝君又问："那你手里的饼是怎样做的？"

那人更加语无伦次地说："这个饼……这个……"

孟尝君再问："好，你算一算，每人一顿 2 张饼，3000 人一天要吃掉多少张饼？"

那人沉默着："……"

一问三不知，孟尝君很生气。他拍了拍那人的肩膀，说道："你呀，真笨!"不料他这一拍，那人吓了一跳，手中的陶碗就掉在地上摔碎了。孟尝君不再给他新碗，他只好灰溜溜地走掉了。后来，人们就把"丢掉饭碗"比作失去了工作，没有了工作就没有饭吃……

今天，陶碗已经成为历史，只有在考古发掘中或博物馆展览时偶尔能见到这种古董。我们所熟知的有大大小小的瓷碗、塑料碗、玻璃碗、不锈钢碗等，多得不得了。还有内蒙古地区招待客人用的银碗；吉林延边自治州朝鲜族同胞使用的铜碗；四川省彝族人喜欢用的木碗等等。而在北京的故宫博物院里，还收藏有古代帝王用过的金碗、玉碗、花瓷碗，你想得到吗？

03　　　　　　手指头的延伸——筷子

◇⋯⋯⋯⋯⋯

　　筷子是我国最早的发明之一。看起来挺简单，似乎没有什么科学内容。实际上，古代的很多发明主要是靠人们的实践经验得来的，但现在回头去总结这些发明的依据和道理，就产生了新的意义。筷子的应用也是如此。那么，筷子又是怎么被发明的呢？

筷子的由来

　　很多年以前，原始先民们以采果、狩猎为生，吃的都是生东西，包括动物肉在内。吃东西主要是用两个手指头拿：一个是大拇指，另一个是第二个手指（又称食指）。直到现在还有一些地区（如新疆和中亚等地）的少数民族仍然延续这种古代遗风——吃手抓饭。自从火被认知、掌握以后，人类便开始吃熟东西了。用手指直接拿熟东西吃固然方便，但也有缺点——太烫的食物不好拿，有汤的食物没法办。那么，怎么办呢？

　　经过了很多人很长时间的实践，终于发明了"筷子"。这两根不长不短的小棍，可谓是中国的"国粹"，它是手指头的延伸，既轻巧又灵活，在世界各国的餐具中独树一帜，其构思之单一和巧妙无与伦比，被西方人誉为"东方文明"之一。

我国使用筷子的历史可追溯到商代。在汉代司马迁撰写的《史记》一书中，有这样一句话："纣始有象箸。"纣是指商朝的末代国君，箸是指筷子，象箸则是用象牙做成的牙筷。由此推算，我国使用筷子的历史可追溯到商代，至少有三千年的用筷历史了。先秦时期称筷子为"梜"，秦汉时期叫"箸"。因为古人十分讲究忌讳，又因"箸"与"住"字谐音，"住"字有停止之意，乃不吉利之语，所以人们就反其意而称之为"快"，快、筷同音。这就是筷子名称的由来之一。

两渔夫打赌

在民间，另外有一个关于筷子由来的传说。春秋时期，有两个渔夫在河里捕鱼。太阳已经落山，天快要黑了，他们把船停靠在岸边，生火煮好了粥。粥很烫，二人开始比赛看谁喝得快，喝完好回家。一位渔夫顺手从身边折下了两根小树枝，一边向粥盆里搅动、吹气，一边赶紧往嘴里送，不一会儿先喝完，他赢了。

在返航的途中，另一个渔夫说："今天你怎么喝得这么快？"那个渔夫回答道："多亏这两根家伙帮忙。""这是什么呀？"对方还搞不懂，继续问。由于归心似箭，希望行船快快的，讨个吉利，这位渔夫答非所问地说："快儿，快儿！"

回到渔村后，渔夫说起这件事。有人觉得用树枝不理想，改用木头做了几双"快儿"。可是，"快儿"拗口不好叫，就被人叫成"快子"，日后又改称为"筷子"。

因为是民间的口头流传，一般找不到文字记载。所以以"立此存照"的故事来叙述，仅供参考。

筷子寓意深

筷子不只是一种餐具，它还代表了华夏民族的一种文化，在特定的场合可以表达不同的意思。在中国古典书籍中有不少的事例。比如，《史记·留侯世家》里说，秦朝末年，楚汉相争。有一个儒生给刘邦出主意，劝他分封战国时期六国的后代，然后一齐攻打楚国。刘邦吃饭的时候，张良来了，便征求张的意见。张良抓过筷子作形象示意，力驳这种主张的危害，表示坚决反对这个主意。这就是"借箸代筹"典故的由来。在小说《三国演义》中，描写曹操青梅煮酒论英雄的时候，刘备借把筷子"失手落地"，来表白自己胆小怕事，才免遭杀身之祸。在戏曲《长生殿》里，唐明皇将一双金筷子赐给大臣宋璟，赞许他像筷子一样耿直，不徇私情，而永福公主在婚事上，以折断筷子来表示决心。

此外，还有在民间广为流传的《老爹教子》。老汉为了教育儿孙们要有团结一致的精神，用折筷子寓意，一根筷子容易折断，一把筷子坚强有力，从而使孩子们懂得团结就是力量，团结起来力量大。

总而言之，中国发明的筷子堪称一绝。这是西方人做梦也想象不到的。直到今天，他们中很少有人会用筷子。而在东方的日本、韩国、朝鲜、越南、新加坡等地，人民受到中国文化的熏陶和影响，许多人都会熟练地拿起筷子在餐桌上运用自如，兴高采烈地享受美味佳肴。

如今，筷子已进入了现代社会，它的功能、价值又如何？著名的物理学家、诺贝尔物理奖获得者李政道博士有一段很精辟的论述。他说：中华民族是个优秀民族，中国人早在春秋战国以前就使用了筷子。如此简单的两根东西，却是高妙绝伦地运用了物理学上的杠杆原理。筷子是人类手指的延伸，手指能做的事它几乎都能做，而且不怕高温与寒冷。真是高明极了。西方人在十六七世纪才学会使用的刀叉，又怎能跟筷子相比呢？

人们在吃饭的时候，拿起筷子，能施展出钳夹、拨扒、挑拣、剪裁、合分等代替手指的全套功能。根据科学家研究，使用筷子时五个手指能很好地配合，要牵动30多个关节和50多条肌肉以及一部分神经末梢。因此，经常动用筷子可以使手指灵活、脑子聪明，有益于身心健康。而且手指还与脑神经相连，使用筷子对大脑皮层也是一种有益的锻炼。这些常识你知道吗？

04 餐桌上的较量——叉子

◇ ·······················

　　人类最先是用手抓东西、抓饭吃，这么做既方便又不方便。中国人后来发明了筷子，用于夹菜肴，这可能跟东方民族的烹调方式和饮食习惯有关。而欧洲人以前一向是用手或木勺来进食的。此后，随着文明的发展，才慢慢地有了变化。

　　在中世纪欧洲，甚至在这之后许多年里，几乎所有的西方人都用手从公用的盘子里拿取食物吃。在喝汤时，也只用一只器皿装汤轮流地喝。更有趣的是，几人共用一个酒杯，你一口他一口地饮酒。直到17世纪，西班牙的富人们才改变这种陋习，开始使用单独的碗、盘子和杯子。而穷人呢，仍然是老样子。到了18世纪初叶，在欧洲除了意大利，其他地区叉子仍然没有进入普通的人家。可想他们在使用餐具方面，处在一个多么不讲卫生的地位，远远地落在东方人的后边。欧洲人什么时候开始使用叉子？这种叉子在前期与后期有何不同？餐叉又是什么时候定形的？

吃面条的尴尬

　　13世纪，意大利的旅行家马可·波罗来到中国访问，得到了元世祖忽必烈的信任，于是他的足迹遍及中华，收获很大。尤其是马可·波罗对中国的饮食（如面条）情有独钟，大加赞赏。回到罗马以后，马可·波罗就到处宣传用面粉做面条、吃面条的好处。不过，意大利人在学习过程中，不知是什么原因，把做面条的方法弄错了，结果做出了"空心长条"，长条中间是个大窟窿，俗称"意大利通心粉"。

吃通心粉的时候，他们用木勺挑，挑不起来，又不会使用筷子，觉得非常困难，只好继续用手抓着吃，并且不能够趁热吃，要等放凉了才行。总之，令人十分尴尬、恼火。不久，有人发现可以用一种小银叉对准空心粉的圆洞，一次扎上一根，送入口中食用。这种吃法虽然慢一点，也还凑合。但是，小银叉是用银子打造的，价钱贵，老百姓用不起。另外，小银叉还是妇女扎头发的用品，摆在餐桌上当食具，不伦不类。小银叉不能解决问题，马可·波罗的努力只能落空了。欧洲人继续用手去抓食物吃……

汤姆斯的叙述

光阴似箭，日月如梭。转眼之间到了1608年，有位名叫汤姆斯的英国青年去意大利美美地玩了一趟。他回来后，觉得收获挺大，总想让别人也听听异国他乡的见闻，好好地"显摆"一番。于是在家中设宴，款待宗友。他说："意大利的水城威尼斯，风景美极了！拜占庭的建筑，也很宏伟！这些你们大概都听说过。可是，有一件新玩意儿，不晓得你们见过没有？"说到这里，汤姆斯拿出了几把叉子，用手晃一晃。接着，他又说道："这个东西叫叉子，或餐叉。大约在四五世纪东罗马帝国（或拜占庭帝国）时代，修建这座辉煌壮丽、繁荣富强的城市——君士坦丁堡的时候，就有人使用了。"

正像克罗地亚诗人后来在一首题为《叉子》的诗中写道：

什么东西，何处飞来。

好似鸟爪，食人奇怪。

你握在手，刺向肉块。

无眼无喙，令人开怀。

　　汤姆斯继续说：不过，叉子在历史上断断续续地一路发展下来。在8世纪或9世纪，一些波斯贵族可能已经在使用类似于叉子的东西。11世纪，拜占庭帝国已经在使用叉子。注意，那个时候所使用的叉子是"两尖"的，也被称为"前期叉子"。在欧洲中世纪（13—15世纪）黑暗时期，大多数人吃一种干面包片，可以夹着煮熟的肉和蔬菜吃，也可以直接送到嘴里吃。那时的人一度对叉子的使用普遍持怀疑态度，他们说，叉子给人感觉不好，它跟"魔鬼"的"长柄叉"样子很像，拿了它就要走厄运，会"倒霉"的。叉子从拜占庭传到了意大利。1533年，凯瑟琳从意大利前往法国与国王亨利二世结婚，叉子跟着凯瑟琳传到了法国。16世纪后期的法国政治局面四分五裂，派系冲突、暴力不断。作为两个皇子的母亲，凯瑟琳利用盛大的公开宴会来展示皇室的权力，在餐桌上摆上了只有两根尖齿的"叉子"。法国人开始对这个女人的餐桌礼仪极度不满，当她死于瘟疫的时候，大家认为这是上帝对她的虚荣心的一种惩罚。

　　说到这里，汤姆斯把话题一转，接着往下说：不过，意大利人早已不相信那一套"老古董话"了。今天，我就邀请诸位用叉子来吃东西！用叉子，请吧、请吧、请！客人们几乎惊呆了。过了一会，有人拿起叉子对汤姆斯说："这小东西真的那么管用吗？意大利人怎么用？"在七嘴八舌地议论了一通之后，你看看我，我看看你。随后把叉子移到旁边，还是用手抓东西吃。

　　汤姆斯一下子急了，只好自己先表演示范。他说："请不要再用手抓吃的了，用叉子好！再说手也不干净，弄脏吃的，容易生病……"他的话还没有说完，就招来一片反驳声：

　　"我们的祖宗用手抓吃的，有几千年了，都生病了吗？"

　　"难道我们不明白饭前要洗手吗？"

　　"十个指头多灵活，不比硬邦邦的叉子强？何必多此一举呢？"

　　"我们已经习惯用手抓吃的了，改也难呐。"

　　汤姆斯不同意这些看法，他说："虽然我们早已习惯用手抓吃的，但是从历史文明、卫生心理上讲，拿叉子也不是困难的事，人人都可以学会的，很容易。"说罢，用叉子向盘中的牛肉叉去。谁知由于心情过于激动，叉起的牛肉一下子滑落下去。在哄堂的大笑声中，汤姆斯惭愧地收回了叉子。

叉子终于赢了

叉子在欧洲，为什么起初推广不开呢？可能有三个原因：

第一个是习惯势力作怪。俗话说：行为日久成习惯，积习难改如搬山。一个民族在长期生活中养成的行为习惯，具有极端的顽强性。任何一件发明，如果要得到社会的认可，除了本身的优点之外，还必须克服人们早已形成的习惯，这就需要时间去扭转、磨平和改变，才能"水到渠成"。又过了50年，叉子终于被请上了欧洲各国人民的餐桌。

第二个是制作成本过高。18世纪前，叉子、刀子、勺子和盘子等餐具多数都是用银制成的。因为那时有一个误会，人们以为只有银这种金属与食物发生的化学反应最小，而且它还能"识毒"（银叉遇毒变色）。但是银的价贵且稀有，难推广。以后，随着镀银技术的发明与发展，加之消费市场的蓬勃扩张，适合于不同阶层使用的叉子出现了。这样一来，叉子在餐厅里有了一席之地。

第三个是缺少用餐礼仪。到了18世纪中叶，使用叉子已经变得相当普遍。同时，三个尖儿的和四个尖儿的叉子也出现了。但是有人指出：一个圆形餐桌，周围摆满椅子，有勺子，有叉子，什么都不缺，唯独少的是使用它们的用餐礼仪。于是，餐具的摆法，叉子放在何处，左手拿叉、右手拿刀等一系列的餐饮文化，提上了探讨日程。叉子终于胜利了。

直到现在，我们用叉子进餐变得更加有序、整洁和优雅。这些礼仪一直在稳步地进行着，从使用叉子习惯的改变，可以反映我们对于叉子在几个方面看法的改变，包括饮食乐趣、外来特性和进餐文化等。从一把小小叉子的发明与使用，让我们再联想一些什么呢？

05　"兔毫鼠须"扫千军——毛笔

◇ ⋯⋯⋯⋯⋯

　　毛笔是中国人最先创造的书写工具，也是世界上最早发明的一种笔。自从盘古开天地，人类的文明逐步发展。毛笔的发明比文字还早，因为在远古时代是先有图画，后有文字。1957 年在陕西省西安市东郊半坡村墓葬中出土了一些石器时代的陶盆，从上边画的鱼纹和网纹图案来看，一看就知道是用毛笔画出来的。

　　可是，毛笔是谁发明的？最初的毛笔是什么样子呢？

毛笔是谁发明的

　　在我国民间曾有"蒙恬造笔"之说。据传毛笔是由秦朝大将军蒙恬发明的，他被后人尊称为"笔工之祖"。在浙江省湖州市善涟镇流传着一个故事：蒙恬很会打仗，曾为秦始皇统一中华立下汗马功劳。有一次，他奉旨渡浙水、登会稽之后，放赈救灾来到了吴兴县境内的小镇（善涟），见到当地群众生活十分困苦，便大量地散发银两，一不小心出现亏空。不久，被奸人告发朝廷。皇帝下旨，蒙恬被驱出京都，发配到浙江湖州一个穷地方贬成"贱民"。蒙恬来到了善涟这个民不聊生、生产无着的穷地方，一方面思念亲人和师友，同时还想向始皇帝申述冤情。他想起从前镇守边关时曾让人割马尾做笔定期写战况报告递送秦王的往事，又见当地有竹子生长，多家饲养白兔。于是，便找来一支支直溜的细竹管，将理顺后的兔毛捆绑成束，做成笔头塞入管内，便制成了"兔毛笔"。此外，蒙恬还从铁锅底取下锅灰，放在碗里，掺入一点儿胶水，调成墨汁。这样便能够写字作文了。他还用这项手工技艺帮助乡里百姓找寻经济收入，摆脱困境。

然而，考古发掘却已证明，早在春秋战国时期已经有了古代的毛笔。例如，1978 年在湖北省随州市擂鼓墩曾侯乙墓发现了春秋时期的毛笔。1964 年在河南省信阳长台关的另一座楚墓中，又发现了一支竹杆毛笔。1954 年在湖南省长沙左公家山一座战国时期的墓葬（15 号楚墓）中发现了一杆兔毛毛笔，这支笔杆长 18.5 厘米，毫长 2.5 厘米，考古学上称它为战国笔。它们与今天毛笔的基本形状几乎一样。

由此可以说明，毛笔是在春秋战国之前由先民发明的，而秦朝的蒙恬可能只是毛笔的改良者。

毛笔制作很复杂

做毛笔使用的原料主要是兽毛和竹管。毛笔的制作需要经过 9 道工序、72 个操作。首先是"选料"，这项工作很费工夫。一只山羊身上的毛可分为 19 个等级，可是能用来制笔的只有 5 种，大约有 3/4 的毛不能用，被抛弃了。工人们要将千万根羊毛、兔毛、狼毛（黄鼠狼毛）放入水盆中一根一根地挑选。其次，进行笔毛搭配组合，再加上装套。然后是制杆、结头、调毛、择笔，还有整理、束胶等。可见制作一支毛笔是多么不容易呀。

毛笔的品种很多，简单点说，可分为软毫、硬毫、兼毫三大类。软毫是由山羊和野黄羊的毛制的，统称羊毫，弹性较小，写起字来柔软圆润。硬毫是由黄鼠狼毛和山兔毛制的，称为紫毫或狼毫，弹性大，写出的字刚劲有力。兼毫是软硬两种毛按比例搭配制成的。一般初学写字的人，使用兼毫毛笔比较合适。通常制笔之法，必须符合"尖、齐、圆、健"四个标准。所谓尖，就是要求笔尖细挺且尖锐似锥。所谓齐，要求笔锋整齐，锋颖透亮、不偏斜、无明显长毛。所谓圆，指的是从笔头整体看要饱满，呈圆柱形，不能直瘦、空心。所谓健，即有刚性，把笔头散开，用手指在笔尖上碰几下，就可以判断笔力的大小。不过，也有人用初生儿的头发来制笔，命名为"胎毛笔"，具有纪念意义。著名国画家张大千曾经采用"牛茸毛"制笔，更是一种创新之举。

胎毛笔

毛笔依尺寸不同有大小之分，最小的称为圭笔，专门用来写"蝇头小字"。然后是：小楷、中楷、大楷。最大的毛笔笔杆长度有1米多，笔杆直径比碗口还粗，沾饱了墨汁的笔头足足有几十斤重。书法家把大纸铺在地上，双手握紧笔杆写字，好像拿大扫帚扫马路似的，行龙走蛇，十分有气派。

毛笔写字好处多

毛笔柔软，富有弹性，可以产生奇妙的书画效果。这是其他硬笔（钢笔、铅笔、圆珠笔）书写无法比拟的。汉字从用毛笔书写开始，历经了拓碑、写经、抄书的漫长岁月，进入了书法、绘画阶段，"行草篆隶楷、写意工笔"之精品，令人倾倒，达到了中华书画艺术的高峰。

据史书记载，东汉书法家张芝拿家中的帛当纸练字，"临池学书，池水尽墨"，就是把写过字的帛在池塘里洗净了再用，日久池水都变成黑色的了。他的学生王羲之在江西永嘉当太守时，也学师傅那样，被人传为佳话。后来北宋书画家米芾题写了"墨池"两个大字，刻碑立于池侧，以作纪念。这说明成就并非天赋，而要依靠刻苦努力、坚持不懈，以此勉励后学者效仿之。

近代人物如朱德元帅，建国后一方面忙于国事公务，另一方面还每天抽出时间写毛笔字，其目标在于锻炼个人的意志、毅力和品质，做到遇事不慌："任凭风浪起，稳坐钓鱼台。"后来在"文化大革命"中，他的表现镇定自若，便清楚地说明了这一点。

尤其有趣的是，2010年6月3日，在俄罗斯进行实验的"火星-500"飞船开始进入日心轨道。在6名志愿者中，中国人王跃的状态良好，为适应舱内生活，除完成日常试验任务之外，他还饶有兴致地教外国志愿者写毛笔字。这桩事十分耐人寻味。

写毛笔字，最好是用手工纸，如毛边纸、元书纸、连史纸、桑皮纸等。当然，如果经济条件允许，也可以用宣纸。用墨汁或砚墨时，处处要小心，不要沾污手、桌面或其他东西。

初次用毛笔时，要把笔头先放在温水内进行"脱胶"。然后，用清水浸透，让笔毛分开，挤净水。再放入墨液中浸泡一会儿，让笔头吸足墨再用。特别是大笔，浸泡时间更要长一些。使用完毕后，立即用清水把笔头内含的墨冲洗干净，再用手轻轻地把笔毛捋直，挂起晾干，以备再用。刚洗过的湿笔，不宜马上插入笔筒内，以免造成笔头根部霉烂、脱毛。

写毛笔字的好处是：第一使人平心静气，毛手毛脚、心神不定是写不成字的。第二让人正襟危坐，这种姿态有利于拿好毛笔，不斜视、不弓腰，而身子歪歪斜斜也是无法写好字的。第三必须先行临摹，要以帖为师，不要随心乱涂，看看帖上的字，对比之下，自感惭愧。第四能够锻炼毅力，是坚持到底练字还是半途而废，日久可见分晓。这些"意想不到"的作用，直到现在还真有不少人并不明白。

06 打印石的演变——铅笔

◇ ·······················

　　大约在四百多年以前，人们还不明白铅笔是什么东西。那时候，中国人用毛笔舔墨写字，欧洲人则用鹅毛管蘸染色水写字。使用这两种笔需要别的一些东西配合，让人感到不太方便。那么，有没有一拿起来就可以写字的笔呢？有！这就是铅笔。以下就是铅笔的故事——从打印石的演变说起吧。

牧羊人的新发现

　　1564 年，在英国的一个叫"巴罗代尔"的地方，有一天刮起了狂风，许多大树被连根拔起，东倒西歪地躺在地上。风雨之后，天气转晴。一个牧羊人赶着一群羊路过这里，发现在一棵倒地的大树树根下，有一些乌黑的"石头"，这是什么东西呢？牧羊人走过去，伸手捡起了一小块，发现这种石头比普通石头软一些，比泥土硬一些。牧羊人有点好奇，用这块石头在羊的背上画了两下。哎哟，羊身上留下了两道浓浓的黑印。

　　后来，牧羊人把那些石头挖出来，切成一条条的，取名为"打印石"，拿到市场上去卖，专门供给商家运送货物时，在货包上做记号或写货名、收货人等使用。日复一日地过了很长一段时光，大家都习以为常了。但是，这种石条有两个缺点：一个是使用时会弄脏手指，黑乎乎的；再一个是要写大字，否则看不清楚。1761年，"打印石"被人们带到伦敦城里去卖。这种乌黑的石头就是石墨。由于有上述的两个缺点，使用上有点麻烦，因此，市场并不看好。

早期的铅笔

不久，英王乔治二世索性将巴罗代尔的石墨矿收为皇室所有，下令悬赏让人把"打印石"改为能使用又不弄脏手的笔。有个名叫法比尔的人，他动了动脑筋，先用水冲洗石墨，使石墨变成石墨粉，然后同松香等混合，再将这种混合物压成长条状，这比打印石的韧性大得多，也不大容易弄脏手。这就是最早的铅笔（当时叫"记号笔"）。英王把它定为皇家的"特供品"，只赏赐给王室贵族、政府大臣和社会名人，老百姓一般不能问津。

铅笔与"铅"没关系

1790年，英国和法国开始打仗，英国就不卖给法国石墨了，同时还切断了对法国的记号笔的供应。法国皇帝拿破仑找来了化学家贡代，对他说："你去想个办法，好不好？"贡代在自己的国土上找到了一点石墨矿，然后去造铅笔。但法国的石墨矿质量差，且储量少。于是，贡代便在石墨中掺入了黏土，放入窑炉里焚烧，发现烧出来的东西显出银灰色，像金属铅似的，便称之为铅石。这样一来就给日后带来了误解，许多小孩子以为铅笔是用铅石做成的，那么必定会与金属铅有关系。其实，铅笔的主要成分是石墨、黏土和其他少量添加剂，由这样的混合物制成了当时世界上既好写又耐用的"铅笔芯"。在石墨中掺入的黏土比例不同，生产出的铅笔芯的硬度就不同，颜色深浅也不同。这就是今天我们看到铅笔上标有的 H（硬性铅笔）、B（软性铅笔）、HB（软硬适中的铅笔）的由来。

到了 1812 年，美国人也开始生产铅笔芯了。但是，不管掺什么、无论怎样烧，造出的铅笔芯一碰就断。有一位从事木工的人名叫门罗，他先削出了两根半圆形的木条，在木条中央挖出长长的细槽。再在将铅笔芯放入槽内，然后将两条木条对好、黏合，铅笔芯被紧紧地嵌在中间。第一支以石墨为铅笔芯、手工制作的最原始的木杆铅笔便这样诞生了。

铅笔的今生今世

自从铅笔作为书写介质用于学习、办公、工程制图、美术、绘画、各种标记等的书写以后，许多国家开始研究采用国产原料制造铅笔。全世界都有了铅笔制造厂，生产各式各样的铅笔。若按性质和用途划分，主要有石墨铅笔、颜色铅笔、特种铅笔三大类。

（1）石墨铅笔的原料和辅助材料有石墨和黏土。石墨为着色剂，应选用含碳量高、颗粒细的石墨，利用其滑腻性和可塑性制成铅笔芯能画出黑色的笔迹，牢固黏附在纸面上，并能被橡皮擦掉；黏土为黏结剂，利用其可塑性和黏结性，将石墨颗粒黏结起来，要求用可塑性好、含铁量低、烧结范围宽的黏土。石墨铅笔可供绘图和一般书写使用。

（2）彩色铅笔的铅笔芯是由黏土、颜料、滑石粉、胶黏剂、油脂和蜡等组成，用于标记符号、绘画、绘制图表与地图等。

（3）特种铅笔包括玻璃铅笔、变色铅笔、发光铅笔、晒图铅笔、粉彩铅笔等，主要供工业、医药、国防、勘测等部门使用。

此外，铅笔杆用料主要包括木材和胶合剂。用于制作笔杆的木材，要求纹理正直，结构细匀，质软或稍软，少含树脂，吸湿性低。常用的有红柏、香杉、椴木等树种。最后还要对白杆铅笔进行油漆和印花装饰、打印商标等加工，使其成为具有一定规格和花纹图案的成品铅笔。

世界上最大的铅笔直立在马来西亚的吉隆坡铅笔厂门口，高达20米，人仰天观看时，帽子竟会掉落下来。它是用木材和高分子化合物聚集而成的。

对于中国人来说，铅笔是舶来品、外国货。我国的第一家铅笔厂是1932年在香港九龙兴建的大华铅笔厂。其后，是1935年在上海成立的中国标准国货铅笔厂股份有限公司，专门生产"中华""长城"两大品牌的木制铅笔，是中国铅笔老字号著名品牌，中华人民共和国成立后，在哈尔滨、北京、天津、济南、大连、福州、沈阳、蚌埠等10多个城市陆续建成年产上亿支的铅笔厂。目前，全世界铅笔年销售总量已达140亿支。从某种意义上说，中国是"铅笔王国"。2004年，我国制造了100亿支铅笔，占全球总产量的75%以上，连接起来可以围绕赤道40圈。

现代铅笔

现在，尽管有了自动铅笔、记录器和电脑等先进工具，但普通铅笔仍将与我们长相伴随。一支铅笔可以揣在随便哪个衣兜里，甚至夹在耳朵上。考试时，我们常使用2B铅笔来填涂答题卡。铅笔还可以鉴别钻石的真伪。钻石用水润湿后，用铅笔在它上面刻画一下，真钻石的表面不会留下铅笔画过的痕迹，用水晶、玻璃、电气石等制作的假钻石则会留下痕迹。铅笔甚至被带上了太空，航天员在零重力的条件下可以用密封铅笔写字、做记录。

　　在今后的岁月里，铅笔的未来可能与它的过去并无二致，也许要经历某种形式的改进。但是，这种十分简单、价钱低廉、便于携带的"小玩意"随时都可以派上用场，只要使用者有足够的想象力。

07   加法的运用——皮头铅笔

◇ ⋯⋯⋯⋯⋯

自从铅笔这个小小的学习用品被发明以后，从上幼儿园起我们大家就认识它了。而且使用铅笔的人，是如此的广泛，不分男女老幼，不分国籍民族，谁都会拿起来写下不同的文字或数字，它是多么了不起呀！

你可知道，铅笔还有一个孪生的兄弟——皮头铅笔。这到底是怎么回事呢？它是怎么被发明的呢？

"比剑还厉害"的铅笔

据不完全统计，全世界有五十多个国家二百多家铅笔厂每年生产能力已近 140 亿支铅笔。若把这些铅笔一根一根地"头尾相连"地接起来，其长度相当于绕地球五十多圈。因此，可以说铅笔是世界上使用最多、产量最大的书写文具，可用于学习、办公、绘画、各种标记等。试看，从学龄前的娃娃涂鸦、鞋帽服装设计、建筑图纸绘制，甚至天体星球理论运算，哪一件不是从铅笔开始的？借助铅笔的帮助，把人们头脑中的智慧变成了可见的线条和数字，然后进一步变成飞向太空的火箭、卫星和飞船。

所以有人说，铅笔真比剑还厉害！任何科学大门，只要拿起铅笔，再加上用脑做后盾，一定会势如破竹，把秘密的大锁打开，赢得金光耀眼的宝贝，为全人类社会造福。

尽管对铅笔的评价很高，但是不是说铅笔已经没有一点有待改进的地方呢？不是的。人们对客观事物的认识是不可能一次完成的，往往需要经过多次反复，波浪式前进、螺旋式上升，方能一步一步地深入下去。正因为如此，才使得在一项发明之后，又引出了多个新奇有趣的小发明。皮头铅笔的诞生，就是一个很有意思的例子。

皮头铅笔怎样诞生

一百多年以前，铅笔早已问世并且是人人熟知的文具。有一天，美国画家李普曼正在他的画室里面静心作画。他先用铅笔在纸上画了一个草图：美国西部牧场的风景。远处的农舍隐约可见，近处的牛群悠闲吃草……李普曼把草图挂在画架上，后退了两步，仔细端详了一会儿。他忽然觉得有的地方线条太多，打算擦去一些再重画。可是，一转身，橡皮放到哪里去了？摸摸口袋，没有；翻翻书桌，也没有。这鬼东西逃跑了不成？李普曼耐着性子找了好一会儿，才在地上一角落处拾起了这块讨厌的橡皮。他擦了擦额头冒出的汗珠，很小心地擦改画幅，纸面总算干净了。这时，他发现手中拿的铅笔，又不知放在什么地方了。李普曼心里有气，嘴里"叽里咕噜"地骂了些什么，又去忙着找铅笔。就这样，一会儿找橡皮，一会儿找铅笔，白白地浪费了不少时间。就在这使用过程中，李普曼发现了铅笔存在的不足之处。

过了几天，李普曼走进了画室。他想：为了找橡皮、铅笔这两样小东西，打乱了自己的计划，令人大伤脑筋，不能老是这样，总得想个办法。于是，他用了一个纸袋，把铅笔、橡皮装在里边，用的时候再一样一样拿。可是做起来挺麻烦，这么干不行。李普曼又改变办法，他用一根细绳子一头拴住铅笔，一头系上橡皮。这样一来，克服了两样东西分开的毛病，倒是方便了许多。只是作画时铅笔上边吊一块橡皮，荡来荡去，既是累赘，又不雅观。这两个办法都不理想，怎么办好呢？

　　又过了一些日子。李普曼坐在书桌前，用小刀削铅笔。他心血来潮地随手把橡皮也切成跟铅笔杆差不多粗细的圆棒形。在比画一阵子之后，一个灵感迸发出了耀眼的火花！他把橡皮与铅笔接起来（不要那该死的细绳子），外边再包紧纸条，用糨糊粘牢。于是，一头是铅笔，另一头是橡皮的皮头铅笔就这么发明了。

皮头铅笔谁发明

　　但是，发明与生产之间还有相当长的距离。需要实业家投资才能转化为产品。李普曼的这个新想法被一家美国文具公司的老板看中了。老板聘来了工程师，经过一番研究之后，在原来制铅笔的生产设备末端，加进了夹橡皮头的装置。考虑到连接铅笔与橡皮处的包扎材料应有一定的强度，决定采用薄铁皮来取代纸。同时，还在薄铁皮上压几道圈纹，扎几个小孔，以箍紧它们防止脱开。再经过一系列的设计、安装、调试等工作，方才正式投入生产。这种新型的皮头铅笔一经投入市场，就受到各界人士的广泛欢迎。

皮头铅笔的小问题

　　有人问：把小小的橡皮头接在铅笔上，这么简单，算不算发明？要回答这个疑问，必须搞清楚什么叫发明。所谓发明，就是人们运用自己的智慧，创造出一种有用的、能为社会谋福祉的新东西（过去没有的，自然也没有"天生的"）。皮头铅笔虽然只是在铅笔上做了一点小改动，可是它带来的价值和意义绝不应该被忽视。这一改动，为多少人提供了写字、作画的方便，又为多少人节省另找橡皮所耗去的宝贵时间，也给多少人以新的启示：什么东西都不是十全十美的，都可以改进得更好，都需要锦上添花。

深受欢迎的皮头铅笔

08　借原子弹出名的产品——圆珠笔

◇ ....

写字用的笔多得很，如毛笔、铅笔、钢笔、彩色笔等，其种类五花八门。而最受大家欢迎、使用最方便的就数圆珠笔。你知道吗？它最初的名字叫原子笔。圆珠笔与原子笔之间有什么关系？它是什么人发明的？为什么能够畅销全世界？其中有一个耐人寻味的故事。

校对时的烦恼

1939 年，在匈牙利首都布达佩斯市的一家印刷厂里，有一名校对员名叫拉兹劳·比洛（简称小比洛），此人多才多艺，会画画、写文章，还有一个特长是会雕塑。因他兼任当地一家小报的记者，故经常到印刷厂里看"清样"，把清样纸上的错字用笔勾出来，供排字工改正。当年那个时候使用的笔，是一种沾（墨）水的"钢笔"，这种老式的钢笔是由钢笔尖和钢笔杆两部分组成的。钢笔尖可以插上或取下，每写完几个字就要沾点墨水，才能再写，十分麻烦。校对者常把蘸水钢笔夹在耳朵上，就像现在有的人在耳朵上夹一根香烟那样。有时候，校对的时间紧，刚把错字勾出来，稍不留意，一滴墨水落在清样上，污黑一大片，字迹模糊，叫人无法辨识，只好又重新再来一遍。就为了这件事，小比洛十分恼火。

有一天，小比洛站在印刷机旁，看见辊筒在纸上一滚一滚，字迹便印在纸上，没有一滴油墨滴出。他看在眼里，脑子里却打了几个问号。晚上，下班回家后，小比洛跟他的兄长乔治·比洛（简称大比洛）讲了这件事。大比洛是学化学的，他向弟弟解释了"印刷油墨"与"钢笔墨水"是两样完全不同的东西，不要混为一谈。小比洛听了哥哥的一席话，很受启发。他想：若搞出一种笔，里边不装墨水，而装油墨，不就避免了漏墨水的麻烦，改错字不就更方便一些了吗？于是，小比洛自己设计了一种笔杆，他把印刷油墨装进去，但是油墨却流不出来。好不容易把漏墨的问题解决了，可是字又写不出来了。这真是这边按下了"葫芦"，那边又浮起了瓢。小比洛伤透了脑筋。

这一天，小比洛空闲无事，想休息一会儿，随手拿起一只还没完成的雕塑豹头，玩赏一下。在"豹口"里有一只掉不出又能转动的小圆珠，他用手拨了几下，小圆珠居然顺畅地转动着。小比洛想把小圆珠抠出来，无意之间他把这个小圆珠放进了一个盛润滑油的碗里。突然，他灵机一动，"霍"地跳起来：可不可以把这个小圆珠再改小一点，代替笔尖放在一个珠槽里，它既能转动，又带出不干不稀、黏度合适的油墨，还不会从珠槽里掉出来……

这个灵感的出现，使比洛兄弟俩对设计一种不漏水的"新笔"产生了信心，受到了鼓舞。他们利用毛细管原理，采用新配制的专门油墨（后来称圆珠笔油墨，这种油墨与钢笔墨水、印刷油墨的化学成分是完全不同的，三者之间不要混淆，也不能互相代用），制作"新笔"。经过反复试验，他们终于成功了。

雷诺抓住机会

可是，比洛兄弟俩的发明并没有引起多少人的兴趣，也没有人想到投资去开发这种新产品。这个发明在匈牙利受到了冷落。一晃四年过去了，1943 年，比洛兄弟举家移居到南美的阿根廷。在那里，他们认识了一个英国金融业的老板，从他那里得到了一些赞助。比洛兄弟对这种"不漏水的笔"又做了进一步的改进和完善，产品定型投产了。可是，第一批"不漏水的笔"摆在货架上却无人问津。因为没有广告宣传，人们不了解它的使用好处，所以再次受到了冷遇。

两年之后，机会来了。1945 年 8 月，美国飞机向日本的广岛和长崎投下两颗原子弹，其威力无比巨大，引起了全世界的震惊！由于原子弹与原子笔这两个词很相近，容易让人产生联想。美国一个不出名的经销商人雷诺，一下子抓住了这个商机，他用低价从布宜诺斯艾利斯（阿根廷首都）买进了一大批不漏水的笔，大做广告，大力宣传他将出售一种象征原子弹时代的新型笔——原子笔。雷诺宣称：原子时代的新产品，不用灌墨水，一辈子写不完，而且还有您想象不到的特性（暂时保密）。使用这种笔，是当代最时尚的"美国生活方式"之一。

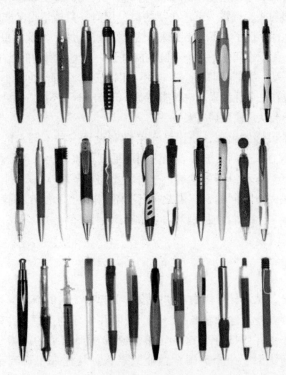

形形色色的圆珠笔

在纽约的一家大商场前，巨幅标语吸引了大量围观的市民。"快来瞧一瞧、看一看呀！原子时代原子笔，水下写字真稀奇。"商场的推销员站在一个玻璃橱柜后边，一面大声嚷嚷，一面拿笔在水里写字。留声机不停地播放流行歌曲，广场上人头攒动，熙熙攘攘，好不热闹。根据当地的报纸次日发表的新闻报道，头一天到场的观众竟有五千多人。第二天、第三天……人越来越多，纷纷解囊购买。

雷诺虽不是圆珠笔的创始人，但是由于他懂得顾客求新、求异、"尝鲜"的心理需求，并且采用薄利多销的策略进行销售，结果，美元滚滚而来，他趁机发了一笔大财。

圆珠笔的改造

后来，人们才发现原子笔同原子弹毫无关系，它也并不是什么"高新技术"，笔尖上的小圆珠常常出毛病，写出的字在水里也会褪色。只是雷诺通过广告宣传，引导消费，忽悠大家。到了1948年，大家再也不想买它、用它了。此时，原子笔在人们脑子里的印象也渐渐地淡去了。

又过了许多年，一些制笔专家想了很多的办法，对"原子笔"进行了改造。1967年把它正式更名为"圆珠笔"，因为该笔的关键部分是笔头上的"小圆珠"——它很小，直径为0.7毫米，比小芝麻粒还小许多，由不锈钢或钨钴合金制成，而且它必须坚硬、光滑、耐磨，不受油墨的腐蚀，所以应该突出这个小圆珠的作用。为什么呢？请你想一想，用圆珠笔写字，如果把每分钟写的字拉成直线，长度有7～10米。换句话说，小圆珠每分钟要滚动3200转。而圆珠笔中笔芯内的油墨可以在纸上拉出直线2000米。当我们把这支笔的油墨用完之时，小圆珠起码已经滚动了100万转。这么沉重的任务，一般的金属材料能管用吗？

当然，对圆珠笔的改造，还包括不易褪色的油墨、笔芯设计、笔杆外形包装等等。现在，专家们正在用各种合金试制新的小圆珠，希望它能完成10000米的书写长度。看来，圆珠笔前途还未可限量。

09   千年的"老寿星"——宣纸

◇ ....

现在全世界的纸大约有 1 万多种，这是一个不小的数字。我们平时常见到的纸，像新闻纸（印报纸用）、书写纸（做练习本用）、铜版纸（印画册用）、钞票纸（印制钞票用）、包装纸（包装用）、卫生纸（日常生活用）等等。市场上很多，不足为奇。以上这几类纸被称为"机制纸"，它们只是纸中的一部分。还有一部分被称为"手工纸"，只有喜欢写毛笔字、画中国画的人才比较了解。手工纸的品种少一点，其中最有名的叫宣纸。宣纸之名最早始于唐代，因其出产地是安徽的"宣州府"而得名。宣纸是谁发明的？我国著名历史学家郭沫若认为："宣纸是中国劳动人民所发明的艺术创造，中国的书法和绘画离了它便无从表达艺术的妙味。"它是专供毛笔作书画的纸，闻名遐迩，享誉海内外，是被称为中国古代的"文房四宝"（纸、笔、墨、砚）的一宝。

什么叫宣纸

从外表上看，宣纸跟普通白纸大体上差不多，只是更匀薄些、洁白些。但从原料上讲，两者却有很大的不同。宣纸的原料是青檀皮（简称皮料、燎皮）和沙田稻草（简称草料、燎草），而普通纸的原料绝大多数是木头、竹子、芦苇、麦草等。青檀皮是青檀树的枝条皮（不是外皮）。青檀树为我国特有的一种植物，在安徽省泾县及周边地区生长较多。稻草不是一般泥田所产，而是沙田生长的（含木素较少，纤维品质较佳）。宣纸的主要产地是安徽泾县的小岭、乌溪一带，那里的自然条件得天独厚。生产宣纸有108道操作，精工细作，从而保证了宣纸的品质精良。

宣纸是一个总称。如不注明，它通常是指生宣纸，这种纸具有较好的润墨性，适合画写意画。宣纸经过上胶矾之后就制成了熟宣（纸），熟宣不洇水，宜于画工笔画。宣纸品种多，还有"加工宣"（如虎皮宣、洒金宣等），共计上百个品种。宣纸的特性有4个，即耐久性、润墨性、变形性和防蛀。其中以纸的寿命（即耐久性）最为突出，一般纸大约几十年或三五百年就"寿终正寝"了。而宣纸的保存时间非常长，科学实验表明：它至少可以存放1050年（下限）仍然完好如初。所以宣纸有"纸寿千年"的美誉，被公认为纸中的"超级老寿星"。

社会上很多人习惯把用于书画的手工纸统统称为"宣纸"，这种叫法是不准确的，是名称上的误解。值得指出的是，现在，一些地方把生产的"书画纸"大都冠名为"宣纸"（实际不是宣纸），使得使用者购买时"无所适从"。中国手工纸中用于书画的主要有两种：一种叫宣纸，另一种叫书画纸。前者的原料一定是含有青檀皮（一票否决，没有者就不是宣纸）；后者的原料比较杂，用竹子、用桑皮，或者用龙须草、稻草都行。它们之间在性能上是很不一样的。

伟人夺宣纸

宣纸受到很多人的喜爱，尤其是书画家。这里讲一个"三人抢宣纸"的故事，话要从半个多世纪之前说起。1949年1月31日，著名的国画大师齐白石收到了毛泽东主席写给他的亲笔信，邀请他参加即将召开的中国人民政治协商会议第一届全体会议。读了毛主席的信，齐白石激动万分。为了表达对毛泽东的一片崇敬之情，齐白石精心挑选出两方名贵的寿山石，镌刻了红、白两方印章。他随手从案边抽出一张画纸将这两方印章包好，然后请著名诗人艾青转呈毛泽东。

毛泽东收到齐白石赠送的两方印章后十分喜欢，他还请人将包印章的画纸重新装裱好，收藏起来。为了答谢齐白石，毛泽东在中南海设宴，并请郭沫若作陪。酒席间，一位人民领袖、一位文坛巨匠、一位国画宗师，三人谈诗论画，不亦乐乎。毛泽东端起酒杯，向齐白石敬酒，感谢他赠送印章两枚和国画一幅。齐白石听了感到意外，忙问道："主席，我，我什么时候为您作画、赠画？"毛泽东笑着对秘书说："快去把画拿来，请画家亲自验证真假吧。"

这是一幅在宣纸上画的中国画，上面画着一株郁郁葱葱的李子树，树上有几只毛茸茸的小鸟，树下有一头憨厚的老牛侧着脑袋望着小鸟出神，颇有意境。齐白石见画后才恍然大悟，原来这是他练笔时的一张"废画"，当时没注意把它当废纸用来包印章了。齐白石不好意思地说："主席，都怪我疏忽大意，这张'废画'说什么也不能给您。我回去马上再画一幅送来。"谁知毛泽东却说："我喜欢的就是这一幅嘛！"

齐白石着急了，恨不能马上抢走这幅令他感到丢脸的"废画"。在一旁的郭沫若见势忙用身体挡住画，说道："这件墨宝是送给我郭沫若的，要想带走，应当先问问我答应不答应。"

"怎么成送给你的了？"齐白石没听懂，便问道。

"你看，画上有我的名字嘛！"郭沫若回答说。

齐白石左看看右看看，画上一个字也没有呀。郭沫若笑了起来，他指着画说："这树上画了几只鸟？"齐白石回答说："五只。"

"树上五只鸟，这不是我的名字吗？"郭沫若把"上""五"两个字说得很重。齐白石听了，手抚着长胡子笑了起来。原来郭沫若的本名叫郭开贞，字尚武，"上""五"二字正好是"尚武"的谐音。

"快快松手，没有看见画上标有本人的名字吗？"毛泽东说道。

"您的名字？"这一下，郭沫若和齐白石全愣住了。毛泽东哈哈大笑，他接着说："请问，先生画的是什么树呀？"

"李子树。"

"画得茂盛吗?"

"茂盛。"

"李树画得茂盛,即李得盛,这不是我的名字吗?"毛泽东笑着说。

原来,毛泽东在转战陕北、保卫延安时曾化名"李得胜",这与"李得盛"完全同音。齐白石一听,高兴地说道:"如此看来,这幅画还真有点意思了,那么,劳驾两位在画卷上赏赐几个字,如何?"

毛泽东稍微想了一下,便挥笔写了"丹青造意本无法"七个字。郭沫若随后写了"画圣胸中常有诗"。齐白石得此墨宝,喜出望外,拱手说道:"两位这样夸奖我,我可真的把它带走啦。"

陈化宣纸之谜

现在轮到我问大家一个问题,为什么他们三人都争着要这张画呢?秘密在于这张画使用的是"陈化宣纸"。"陈"是放置的意思,"化"是长时间的意思。陈化宣纸就是放置时间很久(5 年以上)的宣纸。这种宣纸的变形性小,书画之后画面十分流畅,而且可以长期保存,收藏价值高。

为什么放久了的宣纸变形性小呢?原来,宣纸通过与空气中的湿度(水分)进行多次的、反复的"交换",按照"夏湿冬干""湿肥干瘦""热胀冷缩"的自然规律,如此年复一年地循环,直到宣纸的变形性(干湿收缩率)几乎不再受外界空气湿度的影响而出现变化,这时的宣纸的书画效果当然是最好的。有经验的书画家在创作时,大多喜欢选用陈化宣纸。如今市场上的陈化宣纸,依存放年限的长短,其价格是新宣纸的几倍、几十倍,甚至上百倍哩。

10　变出错为成功——彩色纸

◇ ......

很多年以前，英国科学家牛顿做过一个实验，他通过一块三棱镜把白色的太阳光分解出了红、橙、黄、绿、青、蓝、紫——七色光，也就是七种颜色或者说是七种色彩。颜色让人们知道：自然是多么神奇，世界是多么美丽，宇宙是多么伟大。

我在这里想讲一个与彩色（或颜色）纸有关的故事，它的哲学意义就像是中国古代的老子所说的那样："祸兮福之所倚，福兮祸之所伏。"其含意是祸与福是互相依存、互相转化的，坏事可以引出好的结果，好事也可以引出坏的结果，其中的奥秘就在于你肯不肯动脑筋，下不下真功夫。需要说明的是，这个故事发生在英国，讲的是现代颜色纸的创造过程。而在 1000 多年以前，我国晋朝的葛洪早已发明了彩色纸——史称黄麻纸。

威廉的造纸场

18 世纪，在英格兰的一个小山村里，有一座家庭式的手工造纸"场"（作坊），总共才有 4 个人：威廉夫妇和他们的两个儿子。那个时候，造纸机还没有发明，欧洲人仍然按照中国的传统方法手工抄纸。因为英国生长的竹子少，又无人有编织竹帘的手艺，就仿造了一种框式的滤水器——抄网。抄网是在木质框架上敷贴一层铜丝网，让纸浆液平流于网上形成湿纸页。为了让湿纸页脱离开铜丝网，抄完纸后把湿纸页倒扣在毛布上。随后就将湿纸页连同毛布一层一层地摞起来，再压干，除去纸页内一部分水。最后，揭开湿纸页，把它像晒衣服一样悬吊在长绳上，直到纸页干了，取下。然后一张张摆正，用刀将纸边切齐，这就是成品了。

所以，在这家小造纸厂里，主要的设备是一台打浆机，一套抄纸网架，再就是布满屋内的一列列的晒纸绳。用现代眼光来看，还不够格称它为"工厂"，只能是生产水平不高的"作坊"。至于纸浆来源，一般都是外购。像这样简陋的小作坊，还没有足够的本钱和能力生产纸浆。因为要把植物原料变成纸浆，其加工过程很复杂，支付的成本高，投入的人员也多。

浆料遭受污染

有一天，威廉站在荷兰式打浆机（这是 17 世纪荷兰人发明的一种古老的处理纸浆的机器，样子像个椭圆形的洗澡盆）旁，大声地向大儿子喊道："老大，浆已打好了，今天真不错，快点运去抄纸。"正在这时，他的妻子端着一盆染衣用的蓝色染料水经过。听到威廉一叫，妻子伸头想看一看打浆机里情况到底怎样。说时迟，那时快，正巧被急匆匆跑过来的大儿子撞上。"哎哟！"她叫了一声，手里端的满满一盆染料水，一下子全都倒进了打浆机里。顷刻间，白色的纸浆被染得乱七八糟了。

威廉大为生气，他的眼珠几乎要蹦出来啦！这些好好的白浆都没法再用了，只好报废。看来，这一天的活儿都白干了。威廉正在盘算着怎样把报废的纸浆从放浆口排出去，存在哪个池子里。为了不污染环境，要再借来一些箩筐、铁铲和小车，请几个人把废浆拉走。

改成了新产品

正在这个时候，威廉的二儿子闻声赶来了。他望着打浆机里蓝一片、白一片的纸浆出神。过了一会儿，他拿起一根小木棒，缓慢地搅了搅纸浆，然后说道："爸爸，依我看，干脆再多加些蓝色染料，把纸浆统统染蓝了。咱们就改抄一次蓝色纸，行不行？"威廉想了想，叹了口气，回答说："只好如此，试试看吧。"

哪里想得到，当这些蓝色纸拿到市场上出售时，居然被认为是新产品，立即大受欢迎，被抢购一空。顾客们还不停地询问："明天还有得卖吗？有没有红色纸？1 英镑能买几张？"威廉和二儿子一边收钱，一边笑嘻嘻地回答着。

从此以后，威廉一家改变了经营思想。他们一心一意钻研生产各种彩色纸的门道，包括染料、辅料、调料等，不单做白纸，而且还抄彩色纸。经过多年的努力，他们赚了更多的钱，还获得多项彩色纸的专利权。

这个故事告诉我们，当遇到某件事的发展与原来的预想不一样，甚至效果相反的时候，不要匆忙地以为错了，无法挽回了，而应该冷静地想一想，下一步怎么办？有没有法子解决？也就是逆向思维，切忌"一棵树上吊死"。彩色纸的出现，不是给了我们更多的联想吗？

我们已经进入了一个消费者几乎已经拥有了所必需的一切的"后消费时代"。在这个需求饱和的时代，一种产品想要卖出去，必须是值得注意的、例外的、全新的、有趣的。今天的彩色纸已经平淡无奇、司空见惯，那么，什么样的新纸才能出类拔萃，吸引顾客的眼球，赢得他们的喜好呢？

11　马蜂窝的联想——新闻纸

◇ ⋯⋯⋯⋯⋯

举世公认，造纸是我国古代科技的"四大发明"之一，中国是纸的发源地、纸的故乡。两千多年来，随着造纸技术的不断发展，纸的花色品种也不断地增加，用途日益广泛。今天，全世界大约有一万多种不同的纸。在这么多种纸当中有一种专门用来印报纸的纸，专业上叫新闻纸，俗称白报纸。

新闻纸是在二百多年前由欧洲人发明的。可是，新闻纸与一般纸有何差别？它是怎样被发明生产出来的呢？

马蜂筑巢

在新闻纸还没有诞生之前，在欧洲，造一般纸所用的原料是棉花、亚麻和破布。这些原料的成本比较高，造出来的纸价钱也比较贵。那时候，有的国家由政府印刷少量的公报（后来转为向全社会发行的报纸）供官员阅读。而老百姓之间传播消息的渠道是"闲聊""吹牛"和"打招呼"。这些口头上说的东西容易"荒腔走板"，误传时有发生。于是，社会上强烈要求有物美价廉的印刷纸供应，以便用来印报。然而，一直没有找到好办法。

人类的某些发明是经过观察思考、辛勤劳作、不断改进之后才成功的。奇怪的是，在自然界的动物类群中有一类昆虫——马蜂，却能无师自通地有着造纸的本能。这到底是怎么一回事呢？

1713 年，有个法国的生物学家名叫罗蒙尔，他在院子里散步，偶然看见了几只马蜂飞来飞去。马蜂又叫黄蜂，是一种常见的昆虫，喜采花蜜，捕食小虫。它们在干什么呢？罗蒙尔想弄个明白。经过仔细的观察，发现原来马蜂是在屋檐下衔木筑巢哩。马蜂先飞到树上，在树枝上咬下一点木屑，然后飞回来吐出涂在巢座上，便成了倒莲蓬状的马蜂窝。蜂窝分成许多细格子，每个格子呈六角形，格子的壁又匀薄又结实，风吹也不怕，有点像纸。罗蒙尔一边观察，一边记录。他想：小小的木屑，粘连起来不也能成为一张纸吗？

罗蒙尔的想象

1719 年，罗蒙尔根据自己的研究，向法国科学院提交了一篇论文。论文中说：马蜂能够从一般树木中提取一些小木屑，而后造出像我们使用的纸似的纸状物来。这似乎在启发我们：可以不用破布或亚麻来做造纸原料，而改用木头（材）造纸。

1738 年，德国人希费尔博士沿着罗蒙尔的思路继续对马蜂窝进行了更为详尽的研究。他把马蜂窝做了分解，割下一块块的巢壁，用清水泡、开水煮，最后得到了一丝一丝的、长短不一的木材纤维。为了证实自己的观点无误，希费尔又找来了各种植物，包括常用的造纸原料在内，如棉花、亚麻、核桃木、辐射松、山毛榉等，进行了大量的试验。虽然他费了好大的劲，刀切斧砍锤子砸，分离出了一些粗纤维，可是由于加工设备不行，终究也没有弄出一个令人满意的结果来。

机械制浆

1844 年，德国有一位机械设计师名叫凯勒，他也一直在琢磨不用蒸煮的办法，而用马蜂咬树般的方法从木材中把纤维分离出来。开始用刀切——不行，后来用锯锉——也不行。有一次，凯勒随手捡了一块表面凸凹不平的石头，用手来回摩擦木头。这样做了一会儿之后，居然得到了一丝一丝的纤维。哎呀！他顿时欣喜若狂，觉得看到了成功的曙光。

于是，凯勒连夜绘出了一种能够沿轴心不停地旋转的石器的图形，几经修改，进而成为一个磨石（石器上有众多的条纹，像石磨那样）与活动连杆接在一起工作的机器，将它取名为"磨木机"。后来，凯勒又约请机械厂按图加工。不久，一架最早的磨木机诞生了。当这种机器把一段一段的木头连续地磨碎成纸浆（纤维）的时候，他的心里像开了花，高兴极了。凯勒把用磨木机生产出来的纤维称为磨木浆。这种制造磨木浆的方法便称为机械制浆法。

因为磨木浆是采取机械处理的方法得到的，在木头与磨石的激烈的摩擦中，一方面产生大量的热能，另一方面木材中含有的"杂质"（如木质素等）脱不干净，所以会使纤维性能既松软又分叉，只需稍微筛选、清洗、浓缩、调浆之后，即可送上造纸机供抄纸之用。

由于磨木机旋转的速度快，生产量大，不需要化学药品，木材的价格便宜，所以纸的制造成本较低。因此，造纸厂的老板也愿意生产磨木浆，多赚点钱何乐而不为？而且他们说，用磨木浆抄造而成的纸，吸油墨又快又好，拿来印刷报纸是再适合不过的了。于是乎，许多报社纷纷前来订货。这样一来，因报纸是报道新闻的，故大家便把用磨木浆为主生产而成的纸，约定俗成地称为新闻纸。

近年来，新闻纸由单一品种发展成为多样化的品种，出现了胶印新闻纸、彩色新闻纸、微涂新闻纸、低定量新闻纸以及无接头新闻纸（即一卷筒新闻纸中没有一个"接头"，有利于轮转机快印，缩短出报时间）等，对报业发展做出了极大的贡献。

变黄原因

新闻纸是受到马蜂窝的启发而被发明出来的。这种纸的优点是：印刷性能较好；单价比较便宜。缺点是：耐折强度不大好，用报纸包东西在折叠处容易断裂；耐久性差，报纸存放的时间一长，就会自行发黄变脆。特别是经不起太阳光的曝晒，经曝晒其变化会更快。

为什么报纸放久了颜色会变黄呢？从专业上的解释是：普通纸（也包括新闻纸）的基本原料是纸浆，而纸浆是由植物原料（如木头、竹子、麦草或废纸）中分离出来的纤维构成的。在植物内的一根根纤维（细长如丝之物）中，含有的主要化学成分是纤维素和木质素以及其他少量杂质等。在造纸工业上把从植物原料取得纤维的生产过程称为制浆。制浆的目的就是要除掉木质素，保留纤维素（棉花是一种纯纤维素）。但是，因为制浆方法不同（有化学法、机械法），往往不能够把木质素完全脱除干净，所以一般纸张（如新闻纸、书写纸）里仍然残留一些木质素。因为纸浆还要经过漂白，木质素此时被掩盖起来，纤维素是白色的、稳定性很强的化合物，一般不容易发生氧化作用，故纸面仍显出白色。而木质素是一种带有褐黄色的、结构复杂的化合物，具有十分敏感、容易起化学变化的特性。当纸张经过日光曝晒，或者存放日久之后，受到空气中的氧或酸气的冲击，木质素就会产生变化而"原形毕露"，呈现出原有的褐黄色来。这时候，纸张就发黄、变脆了。

12　　别出心裁的视野——3D 报纸

◇ ························

　　2010 年 8 月 27 日，星期五，《北京晨报》以"开启每日新生活"为标题，封套版（封一和封底）用铜版纸刊登了一幅大型彩色广告，随报还免费赠送一副红蓝色眼镜。这是首都第一次印刷出版的 3D 报纸的版面，让人眼前一亮。谁想出了 3D 报纸？3D 报纸是怎么印出来的？3D 报纸将来会大量出版、发行吗？

3D 是什么意思

　　所谓 3D 就是三维图形，是英文 three – dimensional 的缩写。在电脑里显示 3D 图形，就是说在平面里显示三维图形，不像现实世界里，真实的三维空间有真实的距离空间。电脑里只是看起来很像真实世界，因此在电脑里显示的 3D 图形，人眼看上去就像真的一样。

　　人眼有一个特性就是近大远小，会形成立体感。电脑屏幕是平面二维的，我们之所以能欣赏到真如实物般的三维图像，是因为显示在电脑屏幕上时色彩灰度的不同，使人眼产生视觉上的错觉，而将二维的电脑屏幕感知为三维图像。基于色彩学的有关知识，三维物体边缘的凸出部分一般显高亮度色，而凹下去的部分由于受光线的遮挡而显暗色。比如要绘制 3D 文字，即在原始位置显示高亮度颜色，而在左下或右上等位置用低亮度颜色勾勒出其轮廓，这样在视觉上便会产生 3D 效果。但是，如果没有立体眼镜来帮助，也不能达到理想的效果。

3D 电视

1839 年，英国科学家惠斯顿爵士根据"人类两只眼睛的成像不同"这一基本认识，发明了一种立体眼镜。它让人们的左眼和右眼在看同样图像时产生叠合作用，这就是今天 3D 眼镜的原理。借助于 3D 眼镜以及对图像、文字做相应的处理，人的眼睛就有可能把二维的平面图像看成三维的立体图像。

3D 电影有风光

3D 报纸的推出是 3D 电影诱发出来的。19 世纪末，英国人格林发明了世界上第一套放映和观看 3D 电影的装置，但因为缺乏实用性，所以没有推广。1915 年 6 月 10 日，在纽约的一家戏院试验放映立体电影，包括一些田园景色，现场的观众只有一位。有时候，电影刚刚开映不久，观众就纷纷退席。立体电影让他们的眼睛实在受不了了。1936 年，美国米高梅公司拍摄了一部短片《听风》，入场观众每人都发了一副红绿眼镜，效果不错。该片获得了当年奥斯卡最佳短片奖的提名。1951 年，环球公司推出最有名的 3D 片《黑湖妖潭》；1953 年，华纳公司推出《蜡像馆》，首次采用了立体声，使得观众视觉、听觉上同时感到身临其境。20 世纪 80 年代，3D 电影的题材开始变得丰富了，故事片、纪录片、恐怖片、动作片纷纷以 3D 为卖点。影片中的拔枪、射子弹、飞刀等扑面而来的镜头让很多观众吓出一身冷汗。

可惜，短暂的 3D 电影的"黄金期"很快结束了。由于 3D 技术的局限性很大，很多电影的艺术水准不高，当观众的新鲜感散去之后，3D 电影再次被打入冷宫。以致后来很长时间内人们只能带小孩子在一些游乐场所看这样的"无聊"的电影了。

2010 年年初，一部名为《阿凡达》的立体电影在各地上映，居然让 3D 电影又风光起来。一时间，3D 技术成为街头巷尾谈论的热门话题。同年 3 月 9 日，欧洲比利时的布鲁塞尔一家报社也立马"跟风"，由此诞生了世界上第一份 3D 报纸。4 月，中国第一份 3D 报纸《十堰晚报》创刊，横空出世。当然，看报时还是需要带上 3D 专用眼镜才行。

3D 报纸如何印

一张 3D 报纸怎么做成？3D 报纸照片处理的过程基本与 2D 照片相同，技术人员使用 Photoshop 或其他软件，将一张普通的 2D 图片分离成不同角度的红蓝两张图片，然后把这两张图片不完全套印在一起，合成为一张"模糊的图片"，就形成了 3D 图片。佩戴 3D 眼镜观看，3D 效果就出现了。

3D 特刊的不易之处还体现在 3D 技术处理时间上。印刷前对图片的 3D 技术处理要花费大量时间，一个版的图片需要三四个小时才能完成分色处理。一个特刊经过反复调整，花了将近一周的时间才处理完。而在印刷环节，也是考验功力的时候，3D 报纸印刷时，得派专人守在一旁戴上 3D 眼镜检验 3D 效果，保证印刷机不会主动校正不完全套印，因为只有蓝、红色的不完全套印，才能出现 3D 效果。而所有的图片和广告经处理形成三维效果，读者可以透过 3D 眼镜看到千变万化的版面，就像看 3D 电影那样。

据专业人士介绍，尽管制作 3D 报纸的流程与制作平常的报纸差不多，但在图片、排版以及印刷上多了许多更高、更专业的技术要求。目前，3D 报纸主要采用两种技术，一种是采用了先进的 3D 拍摄技术进行拍摄，不仅可省去更多后期处理，还能获得更好的 3D 效果。另一种是合成，把左右两幅图像做互补色处理，然后印刷到纸张上，这种立体图片技术被称为"互补色立体技术"。

3D 报纸的问题

我们听说过 3D 电影、3D 电视和游戏，现在我们也要在报纸这个领域尝试这一新技术。在阅读 3D 报纸时，读者必须戴上特殊眼镜才能看到立体 3D 图片，而附带赠送的 3D 眼镜的费用，是报纸成本中最昂贵的部分。报社还需要采用成本高出一倍的新闻纸来印刷。为方便读者携带，满足卖报终端的需要，同时也为了不影响在报摊上的展示效果，使用了透明的塑料袋将报纸和红蓝眼镜整体打包。这样核算下来，每份 3D 报纸的成本就比普通报纸高很多很多了。

从读者的角度讲，报纸的一个重要优势就是方便，容易携带，看完就扔。如果制作成 3D 报纸，还要随身携带一副 3D 眼镜，就相当麻烦。3D 技术还没有成熟到每个人一戴上眼镜，就能够看到立体效果的程度。现在的 3D 报纸主要采用互补色立体图的 3D 技术，但如果长时间戴着互补色眼镜，眼睛会很不舒服，还会对眼睛造成伤害，对视力、对身体都不好。

3D 眼镜

从报纸竞争力角度讲，报纸就是报纸，以文字新闻为主，画面再漂亮，也比不上现在的高清电视、超大屏幕电影。图像实在不是报纸的特长，放弃文字和深度，转而追求照片的栩栩如生，想要跟电视比生动，那简直就是以卵击石，自讨没趣，典型的"哗众取宠"的行径。

不可否认，几乎所有3D报纸在上市当天都取得了不错的发行量（天天如此，肯定不行），我们是否应该思考一下这个"卖疯了"是什么原因。其实显而易见，高发行量的背后是民众的猎奇心理。一些原本不常看报纸的人，也想知道3D报纸究竟是个啥样，这就成为高发行量的"推手"。但可以预料，一段时间过后，当3D报纸成为一种常态，人们很可能不再有新鲜感，那些基于猎奇心理而买3D报纸的读者，以后是否还会购买？一定是个大问题。

各种报纸

2011年4月13日，《洛阳晚报》推出国内第一份4D报纸，印刷出版了《国色天香——4D牡丹特刊》。让读者不光看牡丹图像，还可以从报纸上闻到牡丹的香味。因为在3D报纸上加的那个"D"是嗅觉，加了香味。除了还是再猎奇一次，有必要吗？3D报纸的前途实在令人担忧。

13　　印书的足迹——活字印刷术

◇ ﹒﹒﹒﹒﹒﹒﹒﹒﹒﹒﹒﹒

什么是书？书是知识，书是阳光，书是历史，书是源泉，书是良药，书是营养品。古往今来，人们对书的比喻数不胜数，这些只是某些个人对书的理解。要给"书"下一个严谨的定义，可不那么容易。不论怎样，书是记录在某种材料上的历史，也是传授知识的工具，这是毋庸置疑的。

以前有人介绍说，书有很多——如中国的甲骨书、青铜器书、石碑书和竹简书等，古埃及人用的纸莎草书、古印度人的贝叶经书，还有罗马的泥板书、羊皮纸等等。上述种种都不能算作是"真正的书"，而只能视为"书的前身"。为什么呢？因为真正的书是有一定的界定的。从现代观点来看，真正的书除了应具有丰厚的内容外，其物质基础应该是：一有文字（通用、辨识）；二有载体（纸张、其他材料）；三有册形（幅面、复页）；四有社会性（批量、印刷、发行）。这四个要求，在古代是不可能完整地实现的。

那么，书是怎么变出来的？又是谁最先走在前头？在中国，真正的书的出现，直到汉朝发明了造纸术、隋唐代发明了雕版印刷术之后才有可能。在国外，最先印书的时间（若以 16 世纪德国人谷登堡发明印刷机开始）起码要比中国晚四百多年。长话短说，我想不必从印刷的源头开始讲起，削枝强干，突出重点。

抄书十分辛苦

距今一千多年前，也就是我国隋唐时期，那时候雕版印刷术还没有发明，"古书"的流传完全是靠人手抄写的。你想想，人们读的"书"全都是由人手一个字一个字抄写在纸上，再把它们装订起来，这是一桩多么麻烦的事情。于是，社会上便有了一种职业，叫"抄书匠"，他们整天俯在桌上抄书，久而久之，背驼了，眼也近视了，而收入甚微，十分辛苦。手抄本是书的一种中间过渡形式，因为它不能大量发行，只能算是"副本书"。

11 世纪中叶，正值我国的北宋时代，受到盖章、拓片等手段的影响，那时的雕版印刷已经有了很大的进步。宋版书不仅字大如钱、纸墨精良，而且装帧考究、误点极少，成为举世珍本。

雕版印刷虽然对于印书来说是一大进步，但是，一本书要刻许多雕版，堆满一个大屋子，搬动费时费力，仍然是不太方便。直到宋代的"布衣"毕昇发明了活字印刷，从此我国各地印书就更加广泛、更加方便了。

毕昇学习刻字

北宋年间，在汴京（今河南开封）有一家名为"万卷堂"的刻书坊，有一天从杭州来了一个中年汉子领着一个小童前来求职。老板看了"介绍信"，知道是好友推荐来的读书人，就接受了。看见小童那双清透的眼睛，老板摸着他的头和气地问道："你叫什么名字？"小童回答说："毕昇。"

从此，毕昇的父亲天天在刻书坊里工作，毕昇在家里识字、读书，好在妈妈也识文断字，不时地指点一番。有一次，父亲从刻书坊下班带回来一些报废的雕版、刻错的木板和边角余料，让妈妈当柴烧火煮饭。毕昇走过来帮妈妈整理，忽然看到木板上有字！他觉得很奇怪，便问父亲道："这木板上刻字干什么？"父亲回答说："这是用来印书的。我们看的那些书，都是把字刻在木板上，然后再印到纸上，明白吗?”毕昇又问：“那为什么这上面的字与我在书上看到的字刚好反过来了呢?”父亲笑了笑，说道：“唔，你见过盖图章吧，图章上的字也是反的，盖出来就正了，印书的道理跟它一模一样。”毕昇再问：“一本书有许多页，那要多少块木板? 要印许多次吗?”父亲见他问个没完没了，就说：“过几天有空时，你去刻书坊看看，就会明白的。”

　　自从毕昇走进了刻书坊，便对刻书产生了浓厚的兴趣。他看见一个个刻工刀法纯熟地在木板上跳动，过不了几天，一块漂亮的雕版便完成了。毕昇的手也痒痒的，于是便偷偷地跟着学，看在眼里，记在心里。他向刻工借了刻刀，模仿他们一刀一刀地刻，渐渐摸到了门路。毕昇的父亲原来打算让儿子好好读书，将来弄个一官半职，光耀门庭。可是，有一天，他偶然看到毕昇的刻板，觉得不像是出自一个少年之手，这才发现儿子具有这方面的天赋。于是，鼓励毕昇向刻书方向努力，寻找名师指点，这使他的刻工技巧更上了一层楼。

由雕版到活字

　　随着宋朝社会的经济和文化事业不断发展，刻印新书的要求日益高涨。尽管刻工人数越来越多，刻书的速度仍然不能满足需要。人们开始意识到，雕版印刷的效率太低了!

毕昇制泥活字

毕昇也在实践中逐渐发现，雕版的最大缺点是：印一本书，刻一次版，花钱、花力、花时间。而且他发现错字错句，更改很难。还有，保存印版也很麻烦。毕昇又想，雕版是一个字、一个字刻上去的，可是书上有许多字如之、乎、者、也等，常常是多次出现。如果这些常用的字，可以反复使用，那就不必用一次刻一个了。毕昇脑海中突然闪出一个火花，那就是改用活字印刷，把一个一个的字拼成一块版，印完后将版拆开，再重新排版另印，这样就可以避免雕版印刷的毛病，节省很多的人力和材料。

正是由于毕昇有了这一构想，努力地钻研烧制胶泥活字、排版技术，再加上当时印书风气盛行，雕版印书又赶不上需要，在这样的历史条件下，促使他发明了活字印刷。

宋朝庆历年间（1041—1048），由他发明的胶泥活字以及活字印刷术诞生了。从那时起，我国的印刷术开始走向世界的前列。毕昇发明的活字印刷术为现代印刷技术奠定了坚实的基础。

由此可知，毕昇是世界上发明活字印刷术的第一人。是他把活字印刷术的三个主要工序——制作活字、拣字排版、拼版印刷完整地统一起来，其基本原理与现代活字印刷是完全相同的。欧洲人在毕昇发明的胶泥活字印刷术的基础上，又发明了金属活字印刷术。

在过去了多少年之后，中国人在印刷术上继续发扬光大。现代北京大学王选教授发明的激光照排印刷术，则是翻开了印刷史上新的一页，那是后话了。

链接：

毕昇（？—1051），中国古代的活字印刷发明家，北宋时湖北英山县人。自小随父去浙江杭州，长期从事雕版印刷工作。后来发明了活字印刷术。

毕昇

14　手指受伤之后——锯子

工具是人类手部的扩展。人类由于使用工具才推动了社会文明与进步。工具从何而来？在某种情况下，是受到自然界的启发，再经人们的大脑加以改造，就取得了成功。锯子的发明就是一个例子。

鲁班是谁

两千五百多年以前，正值我国春秋末期，出现了一位著名的人物，他复姓公输，名盘（或般），鲁国（今山东省境内）人，也被后世称为公输子。因他是鲁国人，"般"与"班"同音，古时通用，故大家简称他为鲁班（前507—前444）。此人出身于世代工匠家庭，从小就跟随家里人参加过许多土木建筑劳动，逐渐掌握了生产的技能，积累了丰富的实践经验。

春秋和战国之交，群雄突起，社会变动使工匠获得一些自由和施展才能的机会。在这种形势下，鲁班在土木、机械、手工工艺等方面都有所创造。据古籍记载，木工使用

鲁班

的很多木工器械、手工工具，如锯子、刨子、铲子、曲尺，还有画线用的墨斗等，都是鲁班的发明。而每一件工具的发明，都是鲁班在生产实践中得到启发，联想思维，经过反复研究、试验发明出来的。这些木工工具的发明，使当时工匠们从原始、繁重的劳动中解放出来，劳动效率成倍提高，土木工艺出现了崭新的面貌。这里面都包含着原始的物理科学知识，所以工匠一直把鲁班尊奉为木工的"祖师爷"。

手指受伤

有一年夏天的清晨，鲁班带领徒弟们上山砍树。他正在为砍树的工具吃不上劲而为难。因为当时上山砍树主要使用的工具只有砍刀和斧头。设想，对于一棵粗壮的大树，要把它砍倒是多么的吃力，要想把圆形的树干分割成一片片木板，更是难上加难。

从早干到晚，人人汗流浃背，个个气喘吁吁，身边伐倒的树木才那么几根，横七竖八地躺在地上。鲁班抹了一把汗，对徒弟们说："今天就干到这里，收工！"大伙收拾工具、衣物准备下山。突然有一个徒弟喊道："少了一把砍刀哩。"鲁班问明了原委后说："你们先下山回去吧，我去找一找。"

太阳西沉，天近黄昏。鲁班一边走，一边看，他想抄个近路，赶到前边去，便攀过一座山坳，那里杂草丛生，密密实实，鲁班想看看地里有没有要找的砍刀，便顺手用力地拉了一把山坡上的野草。突然，手上一震，心里一惊，凭着自己的感觉，是手指被什么划破了。他伸开手掌一瞧，黑乎乎的似乎是血。鲁班很奇怪，这是什么草呀？他采了几株带下山去。

回家以后，鲁班开始琢磨了。他仔细观察了这种草，发现它的叶子边缘上一排排地长有许多锋利的小齿，原来这种野草叫丝茅草（学名称白茅草）。正是它们的锋利的小齿，划破了鲁班的手指。他想，小小的杂草，通过这些小齿割破了硬硬的手指；假如有一种东西，把它做成齿状，用来切割树木不同样能行吗？

鲁班发明锯子

　　想干就干，鲁班请来了铁匠，把自己的想法一一做了说明。结果一把锯树的工具做成了。但是，这种工具的效果如何，还要上山通过在树干上试一试才能得知。试验表明，铁齿的力量不够大，拉动有困难。鲁班和徒弟们通过研究，又制作了多种不同形状的齿型。最后认定铁齿口有一定斜度，像犬齿交错那样的锯力最大最好。经过多次改动后，一种实用性很强的锯树工具终于出世了。因为是用来锯树的——人们便把它取名为锯子。

　　鲁班是古代人，那时候并没有太多的科学知识。可是，他能从"吃亏"中发现问题，通过手指受伤去联想、推断和创造有实用价值的工具，因此，有人说：吃亏长智慧，实践出真知。这句话的确值得好好想一想！

15　从遮阳到挡雨——伞

◇ ⋯⋯⋯⋯⋯⋯

发明并不神秘，发明是一项产品或技术的新的方案，必须具备新颖性、创造性和实用性等条件。换句话说，从前没有的、比同类的有进步的东西或方法，才能称得上发明。自然有风雨，世人有办法。古代的先民也曾用头顶树叶、荷叶来遮挡风雨。然而，树叶、荷叶并非新的创造，故不列入发明之中。伞却与此不同，它不是"天生的"自然物，而是人力加智力创造出来的。

伞的小史

据史书记载，早在四千年以前，当时的部落首领"黄帝"与另一个部落首领"蚩尤"在涿鹿（今河北省境内）打仗。时值春末夏初，风刮土扬，烈日炎炎。黄帝命人在战车上撑起了一个叫"华盖"的用具（最早的发明者不详），所谓华盖就是一顶圆形布盖子下边竖立着一根长木棍，不能收拢不能伸大，比较笨重。其目的就是用来遮住阳光、挡住风沙，好看准对方的军队阵势，以便决定攻打对策。

后来，黄帝打赢了，古人迷信，以为是"华盖"（又简称为"盖"）保佑的结果，因此把它视为荣誉和权力的象征。以后黄帝走到哪里，华盖就跟到哪里。春秋时期，孔子周游列国。每当遇到下雨只好挨淋。他的弟子颜回叹息道："孔子将行，雨而无盖。"可知华盖并不是随便什么人都可以使用的。东汉时，汉光武帝刘秀路经河南封丘（今属新乡市），所用的华盖太大过不了城门口，刘秀大怒，欲将县官斩首。只好由多个守城士兵把华盖从城墙上抬过去，并向皇帝恳求免死。三国时，吴国的国君孙权为表彰大将军陆逊打了胜仗，把自己用的华盖赐赏给他，堪称殊荣。

华盖（或者盖）即伞的前身，在我国晋代以前，它是皇宫中的用具，与普通老百姓是无缘的。到了南北朝时期，一些官吏、富有的人家开始让工匠仿制小型的盖，略有所不同。后来，又有一种采用丝绸当面料，骨架比盖小许多，由柄、骨、盖组成，能够收拢伸开，可防雨遮阳的用具——伞（那时的名称叫作"繖"，后来简化为伞字）便出现了。

我国唐代的造纸业十分发达，社会用纸广泛。有人在皮纸上涂以桐油，制成了能够防雨的油纸伞，作为"罗伞"（以绫罗绸为面料的伞）的一个补充。谁知这种伞一经面世，大受欢迎。下雨时，人人举伞擦肩而过的情形，成为都城一道亮丽的风景。明朝皇帝朱元璋曾下令庶民不得用罗伞，只可用纸伞。清代时，广东、福建的工匠大兴制造"黑布伞"之风，并行销国外。

制伞

这里需要提及一下，据民间传说，雨伞的发明者是春秋时期著名工匠鲁班（又称公输班）的妻子云氏。有一次，她看见有个孩子顶着一张荷叶挡雨。可是，凹面向上的荷叶内积了不少雨水，渐渐顶不住了。孩子灵机一动，把荷叶翻过来扣在头上。云氏由此受到启发而发明了雨伞。第一把雨伞就是在一个大雨天，她送给出门替别人家盖房屋的丈夫的。这只是民间的一种口头传说，一个"谈资"，一片"浮云"，不足为据。

伞的外传

在其他一些国家，伞也曾经是庄严的帝王的标志。过去，泰国国王每次出宫，坐在大象身上的色彩斑斓的花轿里，金色的罗伞都张立于后。缅甸君主的尊号是"巨伞之王"。日本天皇如果外行，总会有一持伞者毕恭毕敬地跟随其右。这些伞都各有该国的特色。

伞在唐朝时由中国传入日本。唐朝德宗建中二年（781）在京城长安（今陕西省西安市）的大街上，有一天突然落下了雨点，来往的行人都打着伞匆匆走过。只有一个前来中国留学的日本和尚没有伞。他摸摸自己湿淋淋的光头，看看周边的行人，好像明白了一件事。在回国的时候，他买了许多把伞，千方百计地带回日本，送给了亲戚和朋友。

清乾隆十二年（1747），英国商人汉威到广州做生意。他看见人们撑着黑布伞在雨中行走，觉得挺好。临返英国前，带了一把黑布伞回伦敦。1750年，当他在伦敦大本钟塔边张开伞遮雨的时候，被过路人视为怪事而加以嘲笑："哈哈，男士不尊重天意，躲在怪物后边不露脸面，太不像话了。"还有人指责他是对上帝的不恭，应当受到惩罚，甚至有些人向他投掷鸡蛋。对此，汉威一概不予理会，每次上街他总是手拿黑布伞，悠闲自在地行走，安步当车。有时还对熟人宣传使用伞的好处。久而久之，大家就把汉威的这个"怪习惯"视为伦敦的"绅士风度"。雨伞的好处人人可见，雨伞终于在一片反对声中逐渐盛行起来。到19世纪中叶，雨伞成了英国人的生活必备品，而且用伞也成了英国人的一种荣耀。

更晚一些时候，伞第一次在美国纽约的街头出现了。妇女们大呼小叫、四方逃散，认为这是个既能张开又能缩小的怪物，简直能把人吓得半死；路上的马匹由于受惊，乱跳乱踢，惹了不少祸；顽皮的小孩时不时地朝打伞的人扔石头……几乎引起了一场又一场混乱。

西方的遮阳伞

由此可知，一件发明要得到社会认可，一个商品要能被人们接受，绝不是简单、容易、轻松的事，有时还要经历一些误会和波折，逐步才能被接受。几十年之后，罗马教皇对伞产生了兴趣，他以上帝的名义为伞洗刷了不白之冤。教皇出场有专人撑伞侍候，以显示其庄严之高、肃穆之深和祈祷之诚。

伞的文化

从此以后，伞成为各国人民都很熟悉的一种日常生活用具。一把小小的伞不仅是一个普通的雨具，而且还演绎了更多的"伞文化"。比如，在中国古代，伞是帝王将相、达官贵人权势的象征；在古老的神话故事中，以伞为媒的神话故事"白蛇传"，流传久远，深入人心；在戏曲、歌舞、杂技艺术的表演中，伞也是一种常用的道具。绸伞、纸伞、黄油伞、黑布伞、折叠伞、图案迷人

儿童顶伞

的花伞、格子伞、防紫外线伞……这些不断翻新的伞不再是一个普通的雨具，更是美的标志，让人更年轻靓丽，是对生活的热爱。伞文化已渗透在中华文化中了。

从伞文化中还显露出各种各样的真谛：亲情之爱、生活之爱、自然之爱，等等。伞文化给予社会更多更好的关切。随着科学技术的发展和人们生活水平的提高，人们对伞的样式、功能的追求也在不断求新，因而一些多功能、新样式的伞也不断被发明出来，从而推动经济的蓬勃发展，这也是伞的"市场之爱"。

16 骑在鼻子上的"朋友"——眼镜

◇ ··················

　　眼睛，对于每个人来说是多么珍贵、多么重要！而保护眼睛的眼镜，确实是我们大家的"朋友"。从老花镜、近视镜、太阳镜、墨镜，直到隐形眼镜，花色品种多得很。现在，眼镜虽已不足为奇，人人皆知，但是，在几百年前，它最初是个什么样子的？究竟是何人发明的？又是何人首先戴上的？这些问题，你能够回答出来吗？

放大镜与眼镜

　　在眼镜没有发明以前，人们的生活方式和从事的职业都要受到视力的影响和限制。例如，猎人的远视力要比近视力更重要；一些用近视力多的手工业（刺绣、排字、细雕）者在 50 岁以后，不得不结束他们的职业生涯；而且许多老年人在读书写字时，经常有这样的感觉：目力昏倦、不辨细节，远看清楚、近看模糊。1286 年，英国有一个装玻璃的工匠培根（与 1561 年 1 月 22 日出生在英国的著名哲学家弗兰西斯·培根不是同一人），他日常干的工作是制作和修理玻璃窗户，帮助装饰玻璃圆盘等。他想发明一种帮助人们提高视力的工具，找了一些材料如透明的水晶石、石英石、黄玉石等，却屡试不成。

有一天，他偶然在屋檐下透过蛛网上的雨珠，发现树叶的叶脉被放大了许多，竟然连上面的细毛都能看清楚。他立即跑回屋里，找出一颗玻璃球放在书上，但文字依旧模糊不清。他灵机一动，用金刚刀割下一片玻璃，靠近书本，文字果然放大了。于是，他在木片上挖个圆洞，将玻璃装上，再安上一根木柄，第一个"放大镜"就这么出现了。但是，这个东西暂时还不能叫"眼镜"。那时候，工匠们只会磨制凸透镜供放大字体之用。使用者用手拿着它，放在眼前，还要不停地移动。后来因嫌麻烦，就把放大镜固定在帽子上。可是脱帽之后放大镜也跟着摘下了，还是不方便。并且放大镜镜片的安装颇费周折。又有人出"高招"，建议用一根丝带拴住放大镜片，绑在额头上，阅读的时候再移到眼前。然而，稍有大意镜片就会脱落，还是不成功。于是，就把放大镜片磨得薄一些，减轻重量。需要看书时，贴近眼睛，这样一来，便成了单目镜。两眼的视线不平衡，使用时让人感觉十分别扭。

1315 年，意大利威尼斯城的玻璃师阿鲁马达斯想出了一个"镜桥"的构思：把两个镜片用镜框连在一起，架在鼻梁上，再用皮带拉紧套在头上。使用时罩在眼前；不用时翻到脑门。经过试用，存在两个缺点：一是鼻梁压得难受；二是戴着形象难看。但是，阿鲁马达斯的眼镜样式与现在的眼镜样式已经相当接近了，故有人推荐他为眼镜的发明者。

揭开视觉之谜

16 世纪，德国的天文学家、物理学家开普勒告诉人们：人之所以能够看清楚远近的景物，是依靠眼睛里有两个凸起的透明水晶体（眼球），输入并调节透过来的光线在眼底上成像而得到的。根据他的研究，如果眼睛的屈光系统在曲折后，光线的焦点形成于视网膜之后，便是远视眼；光线的焦点形成于视网膜之前，便是近视眼。由于都不能在视网膜上形成一个清晰的图像，因此只好采取配眼镜来加以调整校正。

　　当时制作的镜片以凸透镜为主，用以矫正"老视"和远视眼。后来，人们很快发现凹透镜有助于近视患者看清远处物体。在眼睛不好的人群中，患近视眼者的比例数较大。从此镜片开始依靠度数分类，而不再根据年龄来分类了。

　　正常视力者如果戴上凹透镜来看，一是视景物会缩小，二是镜片有"瓶底圈"（近视度数越高，瓶底圈越多）。当这种眼镜运到英格兰销售时，遭到了普遍的嘲笑。姑娘们一戴上它，羞得满脸通红；小青年也不愿意戴上，宁可看不清远处的面孔，也打肿脸"目中无人"；医院的眼科医生劝告患者少戴眼镜；教堂的牧师则喋喋不休地声称，凡戴眼镜就是对上帝的不恭；在街上有戴着凹透镜的行人，周围人就会嘲笑他是"四眼佬"。尽管如此，眼镜的发明与成长和它对近视、远视患者的帮助以及人们提高视力后的欢乐，却是有目共睹的，最终赢得了人心。

　　1784年，美国的政治家、科学家本杰明·富兰克林发明了老年人用的双焦距眼镜，戴上这种眼镜既可以看清近处的东西，也可看清远处的东西。他在眼镜上制造一个放在鼻梁上的支架，再把带脚勾在耳朵上，增加了它的稳固性。据说，就是这位老先生，第一个把完整的"镜桥"眼镜放在自己的鼻梁上，从而使这种基本架形的眼镜一直流传至今。

眼镜

　　玻璃眼镜（凸透镜）是在我国明朝万历年间才从欧洲引进的。当时叫的名称和用的汉字很奇怪——"叆叇"，不知是哪个人翻译的，可能是要取"喜使老者变少年"的意思。到了清朝的时候，慈禧太后和清朝皇帝仍把"水晶"眼镜看成是"宝贝",而对于进口的玻璃眼镜不屑一顾。常把前者奖赏给有功之臣。殊不知水晶的透光性比玻璃眼镜差许多。清皇室的这一帮人,简直昏庸到了极点。

我们从眼镜发明和演变的过程中可以看到,某一项发明成功不是一朝一夕的事,也不能说仅仅是首创者的功劳。它是几代人前赴后继、坚持不懈地改进、补充之后才能够"站起来"的。在发明之初往往是简单的,有时甚至是不完善的,还需要在后期不断地充实、修改和提高。

17　还你一笑——镜子

◇ ....

有的发明是逼出来的，有的发明是偶受启发诱引出来的，有的发明是感情驱使出来的。镜子是怎样发明的呢？它经历过什么样的过程呢？

青铜时代

大约 3000 年以前，在我国的春秋时期，已经有了"铜镜"（用铜磨制而成的）。这种镜子照人是可以的，只是脸上的细部不大清楚。同时，铜镜比较贵，一般老百姓用不起。在《周礼·考工记》一书中，记载了制作铜镜的合金比例："金锡半谓之鉴"，即用铜50%、锡50%。从战国开始，铜镜合金中普遍含有铅。铅加入合金后，使铜镜铸造的质量得到了提高：铅可使铸出品的表面异常匀整；铅可以减少铜、锡合金溶解时极易发生的气泡，避免砂眼等毛病的产生。

汉代透光铜镜的发明是铸镜工艺的又一里程碑。铜镜多为圆形，方形次之。东晋画家顾恺之在一幅绢本设色的《女史箴图》（此画现藏英国伦敦大不列颠博物馆）中，对使用铜镜有着细致的描绘：画左边坐着一个男子，对着一座镜台，后面一位妇人拿着梳子替他梳头。唐宋时期，随着铸造技术的发展，铜镜的形式更具时代风格。中国古代铜镜的尺寸差别很大，分为大、中、小三类。小型铜镜尺寸一般在 3 ~ 8 厘米，小巧轻薄，用绳系于腰间，随身携带。中型铜镜尺寸在 10 ~ 39 厘米，厚重精美，使用时或悬挂在墙壁上，或置于镜台上。大型铜镜尺寸达 200 厘米以上，系装饰观赏品，非一般人家所能使用。

不过，这种金属镜的缺点就是制作麻烦，镜体沉重，使用不便。同时，影像不够清楚，不甚理想，难以大面积推广，故在中国流行一段时间之后，就逐渐地消失了。以后，被送进了博物馆陈列，供人参观。这只是镜子发明史上的一段"前奏曲"。

玻璃时代

真正的镜子应该是玻璃镜，诞生于意大利东北部的城市威尼斯。威尼斯是亚得里亚海的一个重要港口（不冻港），俗称"水城"，楼房的周围全是海水，街道也架在海水上，是世界著名的旅游胜地之一。

早在 13 世纪，威尼斯城在欧洲就小有名气了，已经能够制作各种玻璃器皿，如杯子、盘子、花瓶等，被称为"玻璃王国"。要发明镜子，必须具备两个条件：第一，要有玻璃；第二，要有让玻璃能产生反射的物质。据说，那时候这里有一位名叫巴门的玻璃工匠，他的小女儿长得特别美丽。她几乎每天都要到水边，用水洗头，还对着水面微笑。水面能映出人影，但不太清楚。涟漪的水波更让人感到遗憾。她先想自己的脸蛋是否干净，再想圣诞节穿的新衣服好看不好看，为此，小女儿常常唉声叹气。巴门决定要给心爱的女儿造一面"还你一笑"的镜子，让她亲自看到自己可爱的面容。

有一天，巴门出去给客户送玻璃。中途路过哥哥的家，他进去想休息一会儿，顺便向哥哥借点钱。巴门的哥哥是一位打制银餐具的工匠。他一听说弟弟来借钱就不高兴，夺过巴门手中的玻璃板，顺手丢到白银薄板上，说道："你又要借钱，我还不够用呢！"巴门心里一惊，走过去想看看玻璃碰坏了没有。结果他看到了什么？看到玻璃中照出了自己的面孔，形象非常清晰。巴门高兴地说："好，好，我不借钱了，我要借你的银板用一用。"

巴门关起门来研究了好多天。最后决定把银板敲打成薄薄的片——变成了银箔，贴在玻璃板的后面。于是第一面"玻璃镜"就这样造出来了。

镀铝时代

到了14世纪初，威尼斯人早已从巴门以及他的徒弟那里搞清楚了"玻璃镜"制法。考虑到银子价贵、银箔与玻璃粘不住等缺点，他们做了一些新的改进，另外找到了一种银白色的金属——名字叫"锡"，它很柔软，用小刀就能切开，拿在手里像软糖块一样。他们把锡弄成"锡箔"，贴在玻璃板上，然后倒些水银（化学名称叫汞）。水银是液态金属，可以像蜂蜜那样流动。水银一旦与锡接触就能够溶解锡，变成黏稠的银白色液体（被称为"锡汞剂"）。等待几天时间自动干燥后，便紧紧地贴在玻璃板上了。他们把它叫"水银镜"。威尼斯人认为，这是他们的一项天大的发明，严格封锁技术，秘不示人。不久，水银镜成为一种非常时髦的东西，深受人们的欢迎。那时，欧洲各国的王公贵族、阔佬，像潮水一般涌向威尼斯城竞相购买。

这件事很快被威尼斯的国王知道了。为了保护本国的利益，他们专门制定了法律：谁要是把制造水银镜的秘密泄露给外国人，一律立即处以死刑。而且还把制造镜子的工场集中到穆拉诺岛上，派了军队四周设岗加哨，不准任何人进出，水银镜的生产处于严密的封锁之中。这样，威尼斯垄断了世界上所有镜子的生产，金钱便源源不断地流入威尼斯。

与此同时，威尼斯政府还展开了"水银镜外交"。有一年，时逢法国王后过生日，威尼斯送去的礼品水银镜，价值高达15万法郎。这块只有"洋装书"一般大小的镜子，大约花去了三十多天才完工。可是，水银是有剧毒的化合物，制镜工匠因为天天吸水银蒸气，不是得病，就是死亡。这个消息一直被瞒着，无人知晓。

法国的达官显贵们纷纷嘀咕："威尼斯靠卖镜子赚了我们许多钱，这样下去可怎么得了啊！"法国人爱美，镜子让他们垂涎三尺。法国王室和政府要人秘密商议，决定派人去威尼斯打听制镜工匠的家属，后来用重金收买了4名制镜工匠。在一个漆黑的夜晚，用小船（"贡多拉"轻舟）从岛上把他们接出，再秘密偷渡出境，运送到法国。从此，水银镜的制造奥秘被公布于世，玻璃镜的身价也就一落千丈，不那么昂贵了，一般老百姓也能够买得起，水银镜的使用也就普遍流行起来。

1835年，德国化学家莱比格根据"银镜反应"的道理，发明了制镜的"化学镀银法"。这样一来，才把水银从镜子后边赶跑了。许多人不知道这段历史，以为镜子后边涂上的是水银，这是"老皇历"了。今天的镜子，要么是利用银镜反应制成的"镀银镜"；要么是利用真空镀膜机制成的"镀铝镜"，早就跟水银分道扬镳了。

镀铝镜的制法是这样的：铝是银白色、亮闪闪的金属，比银便宜多了，比水银安全多了。在真空系统中使铝条蒸发，铝蒸气凝结在玻璃面上，成为一层薄薄的、牢固的铝膜。这种镀铝的镜子，比玻璃镜、水银镜更价廉、耐用，更光彩照人，使镜子的历史锦上添花。

发明说到底，最终会成为人类社会的共同财富，为世界所共有。即使有所谓专利保护制度，发明专利的保密时间规定为20年，实用型专利为10年，不能延期。这对于历史的长河来说，也是一个极其微小的数字！

18　　　让你洗得很干净——肥皂

◇┄┄┄┄┄┄

肥皂是一种很平常的家庭清洁用品。它的发明并不是由某一个人创造出来的，而是众人经过多年的实践经验积累之后的成果。这个发明启迪了人类探索世上可能有的一种看不见的"魔力"，它就是"化学作用"——能够帮助我们打开神秘的宝库，取出更多、更新、更有用的东西。化学作用可以产生奇妙的效应：能使满手的污垢一下子变得干干净净，又能使两种完全不同的原料变成一种崭新的产品。试问：肥皂是怎么发明的呢？

油拌木炭能洗手

很久以前，在古埃及的皇宫里发生了这样一件事：有一天，法老大摆宴席招待客人。到了半夜，人去席散，厨房里的厨师们忙着收拾餐具。有人不小心碰翻了灶旁的一盆食油，油流进灶里，混在灭了火的木炭上。有个厨师非常害怕，担心引起火灾，慌忙地把油乎乎的（黑）木炭捧到外面去扔掉。说也奇怪，当他洗手的时候，发现带油的手非常光滑，洗得比过去干净许多。他把这件事告诉了同伴，引起了大家的好奇。于是别人如法炮制试了试，真的感到好极了。

后来，他们就把灶里烧完了的木炭留出一些，浇上点油，等干完活后用它洗手。法老知道了，叫其他人也这么做，并把它捏成圆棒状，拿起来方便些，供宫里人洗手用。这可能就是最早的肥皂了。

在中国古时候，相传洗手、洗头、洗衣常用的是"草木灰"——就是用木柴烧火后，附着在铁锅底部的一层黑炭（灰），刮下来就是了。在我国南方，则采用从树上摘取下来的皂角或澡豆。它们都含有天然的碱性化合物——碳酸盐。这种化合物能与油脂发生化学反应，结果就让手变干净了。

揭开肥皂的秘密

为什么肥皂能有清洁作用呢？这还要从头说起。公元2世纪，欧洲的高卢人（法兰西人）流传下来一种肥皂的制法。那时人们利用山毛榉树烧成木炭，再与山羊的脂肪混合，熬制成一种膏状物，称为"肥皂"。它不仅用来洗手，也洗别的东西。随后，在法国的马赛、意大利的萨沃纳等地，肥皂作坊如雨后春笋般应运而生。因为当地出产橄榄油和碱，做肥皂的原料比较多，他们生产的肥皂还向别的国家出口。俄罗斯在国王彼得大帝当政时期，才开始进口肥皂。在沙皇时代，只有皇宫里的人和贵族才有权使用它，严禁农奴用肥皂，他们只能用"碱水"（把木柴灰放在水中煮后的清水）。如果违反，定遭处罚。

直到1791年，法国的化学家路布兰发明了制碱方法。这时，木炭混油洗手的秘密才彻底地被揭开了。他说：把油脂与碱混合在一起，生成的化合物就是肥皂，这就是化学上的"皂化反应"。因为木炭中含有一些碱，会和油污起作用，所以在水里就把脏污溶掉。这样一来，肥皂就可以大量生产了。

肥皂的广泛应用

肥皂的起源虽然年代久远，但在社会生活中真正普遍使用它，还是在 19 世纪以后。用肥皂可以洗身体、洗衣物，它的优越性是不言而喻的。在河里或湖边洗衣服，用肥皂要比洗衣粉强得多，因为它容易被水中的微生物消化吸收，也容易在污水中形成沉淀沉入水底，不易使河水、湖水变得糟糕。相反，由于洗衣粉中含有磷，对水质的污染严重。如果洗丝绸、毛料衣服，肥皂比合成洗涤剂要好，它对面料的损伤性要小得多。

现在市场上的日用洗涤剂品种繁多，使人眼花缭乱。尤其是在电视媒体上，某些洗衣粉、洗涤剂的广告铺天盖地，使得它们的用处与日俱增。肥皂虽然古老，但它仍然没有过时，而且肥皂的独到之处，在日常生活当中人们还是深有体会的。它不仅不会被其他洗涤品所替代，反而会有更大的发展和更广泛的运用。譬如，向肥皂中加进香料、药料研制而成香皂、药皂等等。还有在太空中使用的混合式肥皂，就是很好的例证。呵，生姜还是老的辣，这句话对吗？

19　贾似道搔痒痒——老头乐

◇ ⋯⋯⋯⋯⋯

　　日常生活中的一些小用具，往往是很不起眼的。但是，它们的用处却特别有趣。有一种抓痒用的"小东西"，对于一般人或许并不太需要。然而，从发明的构思上讲，有其创造、新颖、实用之处。特别是对老年人还是很有用的，故取名为老头乐。可它是怎么被发明的呢?

为何被发明

　　距今八百多年以前，在我国南宋的时候，有一个大官，位居宰相，他的名字叫贾似道。虽然此人职位很高，公务繁忙，可是他的兴趣十分广泛，尤其喜欢斗蟋蟀（南方人叫蛐蛐儿）。为了找寻强壮的蟋蟀，贾似道往往不惜人力、财力、物力，还纠合一些"蟋蟀迷"在府里玩耍。他写了一部关于斗蟋蟀的书，名叫《促织经》，前后共两卷，大约有两万多字，开历代虫经之先河，成为养虫者必读的经典著作。

　　斗蟋蟀是一项娱乐活动，它是人类文明进化时强有力的一种欲望的表现。追求物质生活（生存）条件是人们的第一需要，追求精神享受则是人们的第二需要。在有了丰富的物质条件之后，偶有闲暇参加高雅有趣的娱乐，调节身心，优哉游哉，不亦乐乎。这种娱乐对提高人文素质还多有帮助，试看中国古典文学上对蟋蟀的称呼，比如吟秋、居壁、抱黄、击紫、催织、风清、月冷、牵愁，还有金丝额、轩窗冷、机杼忙、解人意等，这些极富感情色彩的叫法，难道不令人拍案叫绝吗?!

南宋时的首都是杭州，夏天天气热，贾似道身健体壮，容易流汗。关在屋子里斗蟋蟀，背上常常出汗发痒。怎么办呢? 他就吩咐家中的仆人说:"我集中精力玩，你站在我的背后给我抓痒痒。"仆人用手指甲给他抓痒，手轻了，不满意;手重了，难免抓破了皮肤。贾似道一发火，有的仆人挨了打，有的仆人被关进了牢房。

贾府里有个老木匠，看到仆人们受罪，心里又气愤又着急。一天晚上，气候闷热，老木匠坐在小院纳凉一边抽旱烟，突然感到背上发痒，手够不着，就把长长的旱烟管伸到背上去摩擦。可惜，这样的摩擦力太小，很不过瘾。正巧，老木匠的孙儿跑过来找他，他就让孙儿用小手在背上抓抓痒……呵，这孩子的小手抓得真舒服呐!

第二天，老木匠很仔细地看了看孙儿的小手，然后就用木料仿造了一只，再加上长长的柄，一只长柄的痒爪子就做成了。老木匠先在自己身上抓了抓，感觉不错。他又精心加工了两把，请求府上主管送给宰相试用。

贾似道用这个工具抓痒，感到很舒服过瘾，就不再要仆人随时随地陪着他、帮他抓痒了。府内的仆人都松了一口气，大家都称赞老木匠的这个小发明。有人看了这个抓痒工具，便问这个叫什么，老木匠一时也想不出名称，随口说:挠痒痒、痒痒挠。别看这个小东西很简单，可解决了背部发痒的大问题。

痒痒挠

贾似道是谁

据史书记载，贾似道自幼因父亲早亡、母亲改嫁，流落异乡，少受教育，成为市井上的一个"混混"。南宋理宗时（1225—1264），他的异父姐姐被选为贵妃，依靠这个裙带关系，贾似道便先后担任军器监、籍田令、大宗正丞等官职。景定元年（1260），他专断朝权，下令实行"公田法"。所谓"公田法"，就是规定各级官员和地主所能占有的田地的限额数目，凡超限的部分必须拨出1/3由朝廷买回，再作为公田出租，以此项收入充作军费之用。因为"公田法"曾经严重损害了某些官员和地主集团的利益，引起朝廷中相当一部分人对他的不满和仇视。所以在贾似道被贬职之后，充任监押官的郑虎臣杀死了他。郑虎臣本是浙中的大地主，其田产曾因"公田法"而被朝廷变相没收，其父又曾被贾似道贬逐。郑虎臣的行为中掺杂了强烈的私心，何况当时贾似道的政治生命已经彻底终结，完全丧失了"祸国"的能力，杀他除了泄愤之外，于国事毫无裨益。

如果从贾似道晚年的所作所为来看，他的下场固然是罪有应得，然而，仅凭他晚年的骄奢和误国，后世史家就把他的一生全部抹黑，这种逻辑无疑是简单而粗暴的。贾似道在日常生活中，虽有荒淫无耻的一面，也有宽厚待人的一面。他在使用了小小的痒爪子之后，还吩咐让老木匠再多做一些，分别赠送给相识的朋友，让大家都来享用一番，免受奇痒之苦。

简单又方便

自从痒爪子由贾府流出，一传十，十传百，抓痒的这个小东西不胫而走，引起民间不少人的兴趣。大家左看右瞧，觉得用料平常、制作简单，可以仿造，用一点木材或竹子，一端雕琢成小手，另一端削成手柄就完成了。讲究一点的，涂上清漆，油光锃亮。而且使用者不用学一看就明白。于是，很快地便在社会上流传开来。因此有人就开始做起了买卖，售价也很便宜。痒爪子一旦变成了商品，就得取个品名。不知是谁提出，痒爪子受到老人们的欢迎，干脆取名叫"老头乐"吧，当然，也有称它为"抓挠"、"抓痒棒"、"痒抓子"等，而且制作的材料也改用竹子，使它更轻便一些。直到今天，"痒痒挠"的学名才正式叫成"人体后背多功能解痒处理器"。

　　常言道：需要是发明之母。老头乐原出自大官贾似道的个人需求，而许多老年人、大胖子何尝没有同感。痒爪子顺应了社会，才会流传几百年，至今仍为大众服务。南宋时代的那位不知其名的老木匠，才是它的真正发明人哩。

20　飞机失事后的启示——拉链

◇ ……………

　　拉链又称拉锁，它的发明经历了漫长的时光。先由美国人贾德逊提出原理，后由瑞典人森特巴克补充，又经过重新设计才推向社会。在市场上备受冷落，突然间被一个偶然事故所推动，从此而获得成功。这项发明的前后，大约花去了三十多年的时光。

　　由于拉链的构想是全新的，与过去的"联结"概念完全不同。以往人们利用"扣子"扣衣裳，或用"带子"系包包等，都是不完全封闭、不够牢靠、又费时费力的"联结"方式。而拉链则另辟蹊径，是利用凸齿与凹齿相互咬合和开启，把两部分紧贴在一起或分开的"联结"方式。这种方式自由、简单、便捷、省力，是发明史上的一个突破，是前无古人的。因此，这个小小的发明，惊骇于世，引起了世人的特别关注。

从系鞋带说起

　　1893年春季，美国芝加哥有个名叫贾德逊的人，他在一家制鞋厂当工程师。贾德逊每每到门市部看见人们在试穿鞋子的时候，又系鞋带，又解鞋带，十分麻烦。他想：能不能用一种"可移动的扣子"来代替带子？于是，贾德逊便设计了两片链条（分别缝纫在鞋帮的两边），每片链条上装有交错的链环和小钩，当上扣的滑动部件在链条上面移动时，左右两片链条便紧紧勾住，"合二为一"了。

他把这个设计取名为"滑动锁紧装置"，作为一项发明，申请了美国专利。

1902 年，曼威尔兄弟公司采用了贾德逊的发明，开始生产"滑动锁紧装置"，装在高档鞋子上，并冠以"扣必妥"的商标在商场打出巨幅广告。不料，这个装置很不争气，顾客们花大价钱买了这种高档鞋，不是拉不动，就是拉不上。"这是什么高档鞋，简直是废品！"顾客如是说。更可气的是，穿着这种鞋赶路时稍不小心，它会突然自行崩开，让人叫苦不迭。结果使"扣必妥"的名声扫地，顾客纷纷要求退款，最后以曼威尔兄弟公司亏本关门告终。

1905 年，有一个瑞典工程师名叫森特巴克，远涉重洋来到美国。他对贾德逊的发明很感兴趣。于是便仔细地研究了"滑动锁紧装置"的一些不足之处，提出了由"牙齿"、布带、拉鼻等三部分构成的新结构。请你想一想，它跟今天我们使用的拉链是不是几乎完全一样？

"牙齿"是由铝合金加工制成的，有凸牙和相对应的凹洞，分别固紧在柔软的布带上，不论怎样弯来弯去都可以张开或闭合。拉鼻是个小部件，起到使"牙齿"开或合的作用。森特巴克筹措了一笔钱，订制了一些专用机器，经过千辛万苦的努力，1912 年终于生产出了产品，还正式定名为"拉链"。

拉链

森特巴克搞的拉链，自然比旧有的"扣必妥"要优越得多。他想让拉链跳出在制鞋上使用的窠臼，转而于妇女时装上试用。然而，"老教训"的阴影久久不散，谁胆敢买带有拉链的女装？女人们耿耿于怀，她们害怕拉链跟"扣必妥"一样，叫人在公共场合或者行走在大街上时大出"洋相"。与此同时，在商业上拉链也成为扣子的"死对头"。美国专卖扣子的商人们联合起来，强烈地号召市民抵制这种"丢人现眼"的东西。拉链在市场上遭到了冷落。

意料外的"空难"

1914 年初，正值第一次世界大战爆发的前夜。欧洲突如其来地发生了一起震惊全球的"空难"事件。法国的一位技术高超的飞行员，驾驶着当时最先进的战斗机在天空进行演练，忽然一个跟斗栽下来，机毁人亡。这到底是怎么一回事？经过专门调查后，其结论是：飞行员的上衣掉了一枚金属扣子，这个扣子又滚到一边的机器里去了，飞行员找扣子，又引起了飞行控制器失灵……

"该死的扣子！"专家们气愤地说。

"今后飞行员的服装上决不允许有扣子。"专家们郑重地下结论。

正是这次空难，使小小的拉链得到了"起死回生"的机会。远在大西洋彼岸的森特巴克如获至宝地听到了这个消息，赶紧与服装制造商联系，正式生产没有扣子而有拉链的上衣。接着，森特巴克又向政府建议，为了整军容、省时间，应当使用新军装。于是，拉链生意越做越大，订货猛增，日益红火。

1926 年，由森特巴克开办的美国因特立服装公司，为了扩大销售市场，在一次商品交易会上，聘请一位很有口才和幽默感的作家做广告，面对商界的富豪巨子，极力宣传拉链的优点。他一边风趣地比画着，一边嚷道："快看哪，一拉，开了；一拉，关了！"随着拉链来回"吱吱"的响声，赢得了满场的笑声和掌声。就是这句玩笑话，使拉链从此名声大振。

拉链应用广泛

从此以后，拉链的运气来了。拉链因其简单、灵活的操作，无拘无束、方便快捷，使其在服装中的应用非常广泛、自由。在许多普通服装，如夹克、风衣、棉衣、外套、运动服、休闲裤等上面代替传统的扣子。而且拉链的品种不断增加，有塑料拉链、尼龙拉链、金属拉链、注胶拉链等等。

今天拉链的用途十分广泛，早已深入到了航空、军事、医疗、民用等各个领域，小小拉链在人们生活中起到的作用越来越大，越来越显示出它的重要性和生命力。拉链，作为 20 世纪对人类最为实用的十大发明之一，已被载入了史册。

21　碰一下就粘住了——尼龙搭扣

◇·················

尼龙搭扣又称免扣带、粘合带，是一种使用非常方便的小玩意儿。它很不起眼，小到只有一个手指头宽，大到可以根据需要来确定。这么个小东西，用处可大了。你晓得吗？连宇航员上天、遨游太空都少不了它。可是，很多人却不清楚尼龙搭扣是谁发明的，为什么它会获得广泛的应用。

揭开鬼针草的秘密

话说20世纪50年代，瑞士日内瓦市有一位化学工程师，名叫乔治。他的业余爱好是：一有空闲时间，就喜欢带着狗去郊外山里狩猎，而且每次都有一点小小的"成果"（打个山鸡、抓个野兔什么的），很是自鸣得意。但是有一次，他在山里东走西走、左看右看，奔波了一天，等到天将煞黑，一无所获。他心里很不高兴，领着猎狗在树林和草丛里胡乱地往回走……

等他回到家里，发现自己裤腿上和狗身上都沾满了草籽。乔治想把草籽摘下来，可是粘在裤腿、狗毛上的草籽很牢，要花不小的气力才能拉下。他感到很奇怪，拿了放大镜仔细地观察，终于发现草籽上的毛毛有一个个小钩子，正是这些小钩子抓住了衣服上的纱线，与狗毛互相交叉钩在一起了。

　　乔治为了弄清楚这个问题，第二天跑回山里取了样。再向搞植物学的朋友请教，才得知这种草的大名叫鬼针草。它是一年生的草本植物，全身长满刺，遇到短刺（纤维）就粘住不放。由此他突发奇想：如果能在布带子上也做出一些类似草籽的小钩子，它不就也可以使两条布带相互搭接扣在一起了吗？这种搭扣不是也可以代替纽扣和拉链了吗？说归说，做归做，乔治找来了各种材料进行试验，但都没有取得成功。

　　时间过得真快，一晃两年过去了。有一天，乔治在报纸上看到一条消息：美国的杜邦公司开发了新产品——聚酰胺（商品名，俗称尼龙）。这是一类高分子化合物。它们具有耐磨性极高、回弹性很好的性能，还可以经过缩聚合成、熔融纺丝进行加工。他觉得眼前一亮，心想：莫非这是送来的"礼物"？

"尼龙"出世帮了大忙

　　乔治马上与杜邦公司取得了联系，幸好该公司在日内瓦市就有办公机构。经过一番努力，争取到了他们的支持，于是，乔治就钻进实验室里进行试验。经过两年的精心研究，终于设计出了定型的产品。他们是怎么做的呢？按乔治的设计要求，先把尼龙丝织成两种织物带，这种纺织品的制作比较简单。再就是分别在织物带表面上加工：一种表面需要织有许多毛圈（简称"绒面"），另一种的表面需要织有许多均匀的小钩子（简称"钩面"）。只要将这两种织物带对齐后碰一下或轻轻一压，毛圈就被钩住了，以便起到连接作用。然后，从搭扣的头端向外稍用力一拉，就能很快地把它们撕开了。

　　从科学原理上讲，这种搭扣十分简单，但是最关键的是采用了尼龙作为基本材料。因此，它被命名为尼龙搭扣。这种新的连接商品具有使用快捷、简单方便、省时省力的特点。它的效能比扣子、按钮、拉链等还要更胜一筹。正是有了尼龙的发明，才有了尼龙搭扣的成功。

　　尼龙搭扣很快被广大服装、鞋帽制造厂商所接受，是扣带产品系列中最畅销的产品之一。可以广泛用作夹克、帽子、手套、背包、箱包、袋子、皮件、运动物品、医疗器具等的连接材料。从此，人们的生活中多了一个好帮手——乔治发明的尼龙搭扣。今天，我们穿的鞋子有的就是用尼龙搭扣碰一下扣上的，背的书包有的也是用尼龙搭扣碰一下扣上的。

太空生活离不开它

你别小看了尼龙搭扣，以为它只能在我们的生活中用用而已。殊不知在太空中飞行的宇航员也少不了使用尼龙搭扣。你可知道，太空黑洞洞的，既寒冷又危险，因为这里充满了太阳风携带的各种高速粒子、射线和强劲的紫外线（又称宇宙线）等。同时，脱离地球引力而进入微重力的太空后，人处于失重状态。所以，如果宇航员要在太空出舱活动、作业，就得穿一种昂贵、复杂的舱外航天服。航天服从头到脚全部密封，除了表面要能抗辐射外，里面还有精细的生命保障系统，为宇航员提供几个小时的生命活动基本保障。

此外，还有宇航员穿着在舱内生活的航天服，这种衣服相应要简单一些，要求穿脱方便、合身并适宜活动。一般，宇航员都穿松紧皱折"夹克"，肩上有许多褶子。这是因为在失重状态下，宇航员会突然长高 3～5cm。为了工作方便，航天服表面还要覆盖许多口袋，它们分别用来放铅笔、小本、小刀、太阳镜等工具，袋口一定要用尼龙搭扣封住，否则的话，这些小物品就会到处乱飞。

在太空微重力的环境下，睡觉要在睡袋中或在固定的竖床上。这时身体也要用尼龙搭扣扣住，否则就会随时飘起来。我们曾在电视直播中看到：宇航员在航天器中"行走"，实际就是飞。身子一动就可以平飞起来不落地。使用的物品、钢笔等一扔，就在空中飞起来，必须用手抓住。宇航员可以很轻松地大头朝下立起来，也不会觉得难受。如果洗澡，要用塑料罩将水龙头罩起来，外边用尼龙搭扣扣住。不然水会四处散开，根本洗不成。

总而言之，宇航员在航天器中的穿衣、睡觉、行走完全不同于有重力的地面，做什么事都要扣住，不要让它飞走了。这就有赖尼龙搭扣这个小玩意儿帮助。如果没有尼龙搭扣，那将会是什么样的情景啊！

22　玩具引出的发明——复印机

◇·················

　　假设老师让你把一篇作业抄写 10 遍，你会觉得怎样？烦不烦？累不累？如果要你再抄写 100 遍，那简直就要命了。在古代中国，印刷术还没有发明之前，社会上就有一种行业是专门从事抄书的，抄书的人被人称为"抄书匠"。你们可以想象一下，不分白天黑夜，一页页、一本本地抄写是多么辛苦的工作。好啦！现代有了复印机，这个问题就迎刃而解了。说起来挺有趣，如今到处使用的复印机，竟然是因美国人卡尔森"懒惰"，受到"魔棍"玩具的启发之后发明出来的。这件事你信不信？

利用了静电效应

　　1930 年，美国人卡尔森从大学毕业后来到纽约一家电器公司上班。按照公司的要求，他每天的任务是不停地抄写文件、绘制报表和翻拍照片。日子一天天过去，这种单调、乏味而又枯燥的工作使他厌烦起来，偷懒之心陡然而生。卡尔森经常向朋友诉苦："哎哟，我简直成抄写机器了！"

　　那时，美国的某些大公司在办公时，已经运用照相技术来翻拍和复制文件。然而这种办法的操作程序复杂、耗费时间，而且成本过高，不能满足实际要求，也不易推广使用。卡尔森虽然也在改进照相复制设备上动了脑筋，但是翻拍和复制的速度很难再提高。卡尔森想，能不能搞出一台机器，把要复制的文件往上边一放，再按一下电钮，就可以得到完全一模一样的"副本"，而且想要复制多少就有多少。有了这个想法之后，卡尔森一边工作，一边悄悄地琢磨怎样才能够造出可以"复制"出同一图像的机器。

有一天晚上，卡尔森躺在床上想起了童年的往事。有一种叫"魔棍"的玩具，好像一根不长不短、不粗不细的"棍子"。用它在白纸上画画或写字，然后洒下一些五颜六色的"粉末"（玩具盒里内装的），结果刚刚画的画、写的字，便会神奇般的显现出来。这时，他又想起在学校上物理课时曾经做过的一次实验：老师拿出一根橡胶棒，用绸布反复摩擦，使它产生正电荷，再拿橡胶棒靠近纸屑，纸屑带负电荷，根据电学上"同性相斥，异性相吸"的原理，就能把这些细小的东西（包括粉末）吸到上面来，这就是静电效应。从此，卡尔森找来了许多静电学方面的书籍，起早贪黑地学习起来。在掌握、充实了一定的理论知识以后，他便开始着手研制复印机了。

漫长的研发之路

1938 年，卡尔森采用了一块表面涂有硫黄的锌板，再用绸布反复摩擦使它带上正电荷。随后又把另一块写上文字的玻璃板放在带电的锌板上。当灯光透过玻璃板照射后，由于锌板上面没有字迹的部分光线强，表面电荷消失；而有字迹的部分光线弱，表面仍带有正电荷，结果便形成了一个静电"潜像"。接着，把带有负电荷的"石松粉"（相当于现在复印机用的碳粉）撒在上面，不一会儿，锌板上就清清楚楚地显现出玻璃板上写的字样。

可是，又怎样才能使锌板上的文字转移到一张白纸上面去呢？经过了几年的研究，1947 年卡尔森终于想出了一个巧妙的办法：他先将一张蜡纸平压在锌板上，很快蜡纸上便复制出同样的文字。再借用蜡纸"拷贝"出更多的副本，如此一来，不就可以出来很多副本了吗？

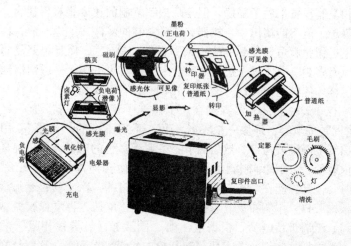

墨粉（正电荷）
磁刷
感光膜（可见像）
稿页
转印器
卤素灯
负电荷（潜像）
感光体 可见像
复印纸张（普通纸）
显影
转印
普通纸
加热器
感光膜
感
负电荷
氧化锌
曝光
电晕器
定影
毛刷
灯
复印件出口
充电
清洗

复印原理

按照这个思路，卡尔森做出了一台初期复印机。他到处表演，免费为观众复印文件。可是，初期，复印机有时难免出现一些"卡壳"的情况，遭到一些人的嘲笑：这是啥机器？是个"粗糙的大玩具"嘛。后来，卡尔森获得了美国哈罗德公司的资助，对初期复印机进行了有效的改进。1959 年，世界上第一台功能完善、有实用价值的复印机投放市场，大受欢迎，从而开辟了处理文件的新时代。

功德无量的好事

20 世纪 70 年代以后，复印机几经改进，在设备结构、使用性能上得到了很大的提高，不仅复印效果好，清晰、精细、干净，而且还出现了彩色复印机，应用范围更广了。甚至还可以利用复印机来作网络的终端设备，进行文件的管理和传递。如此看来，自从有了复印机，节省了多少时间，减轻了多少劳力，提高了多少工作效率，贡献了多少社会财富啊！

其实，人类的许多发明都来源于"偷懒"：不想多走路，发明了汽车；不想洗衣服，发明了洗衣机；不想反复地抄写，复印机才得以问世。如果我们只满足于卖傻力气而不肯动脑筋，那社会岂能进步，人民的生活水平又将如何提高？

23　人类的奇迹——电脑

◇ ·················

　　现在是电脑时代，大家对于"电脑"二字是再熟悉不过了。电脑以前的名字叫"电子计算机"，是什么时候才把电子计算机改口称为电脑的？据查，1980 年，台湾某公司开始组装进口的"电子计算机"，觉得这个名称学术味太浓，不够通俗。为了利于销售，打出的品名为光华牌"电脑"。从此流传到香港、澳门，不久遍及全国，为广大群众所乐于接受。

　　为什么把电子计算机叫电脑呢？这是因为电子计算机已经部分地替代了人类大脑的功能。特别是 20 世纪 70 年代以后，电子计算机的应用越来越广泛，已经遍及人类生活的各个领域，能帮助人们处理写字楼中的许多事情，能帮助各级领导制定并实施科学的决策，能帮助各行各业的专家工作。许多需要人类大脑思维的工作都可以用电脑代替，电脑已经成为人脑十分重要的助手。

　　简单点说，电脑是一种利用电子学原理，根据一系列指令来对数据进行处理的机器。它能进行复杂的计算，能记住声音、文字、图形，能进行判断和推理，还能和你玩游戏，因此人们形象地称它为"电脑"，它是当之无愧的。

　　如果要问电脑是谁发明的，这可不能用几句话来回答清楚。因为在现代化的高科技领域，任何一项重大发明，往往都不能完全归

功于由两三个天才创造，肯定是一个团队集体智慧的结晶，甚至要经过几代人的共同努力方能获得成功。所以要讲电脑的发明故事，必须要从半个多世纪以前说起。

崭新构思

1945 年，在美国宾夕法尼亚大学莫尔电工学院，制造了世界上第一台电子数字计算机，被命名为"埃尼阿克"（ENIAC），全称为"电子数值积分计算器"。它是由 18800 个电子管和其他许多电子元件等组合而成的。这台计算机的体积庞大，占地面积 500 多平方米，重量约 30 吨，消耗近 100 千瓦的电力。

第一台电子计算机

这样的计算机，成本相当高，使用极其不便（后称为第一代计算机）。"埃尼阿克"每秒钟可以进行 5000 次数字运算。其本身也有弱点，那便是由于其结构设计不够弹性化，缺乏内存，只是一部大型的计数机，对它的每一次再编程，都要重新连接电气线路。

为什么要搞这台计算机？本来计算机英文 computer 的意思，是指专门从事数据计算的（人）。原来在 20 世纪 40 年代初，第二次世界大战正处于紧张阶段。当时美国陆军部要求莫尔电工学院提供发射炮弹的"弹道火力表"，以便增强武器的战斗力。当时的人用手摇计算机计算一条弹道飞行 60 秒的轨迹，需要 20 小时才能算出结果，任务量非常大。学院调派了 100 多名技术员，没日没夜地工作，还是达不到要求。运算速度太慢了！

怎么办呢？人们想起了美国依阿华大学的阿塔纳索夫教授，他曾经提出一个崭新的构思：可以用电子元件——比如用电子管来制造计算机，借以加快运算速度！他的这个想法被宾夕法尼亚大学的莫奇利"相中"了。莫奇利说服了陆军部，担任了电子（管）计算机的总设计师。他们制造的电子计算机，主要由运算器、存储器、控制器和输出设备这几个大部件组成。其中运算器和控制器合在一起，被称为"中央处理器"，它是计算机的"大脑"。显而易见，这样的计算机太笨重了。

升级换代

1956 年，晶体管电子计算机诞生了。晶体管的体积小，价格更低廉，性能更可靠，这使得它们可以被商品化生产。只要几个大一点的柜子就可将它装进去，运算速度也大大提高。

1959 年到 1964 年间设计的计算机一般被称为第二代电子计算机。在整个 20 世纪 50 年代中到 60 年代初期，真空管计算机居于统治地位。

1964 年到 1972 年研制的电子计算机被称为第三代计算机。大量使用集成电路，针对原来的缺陷又进一步完善了设计，呈现出今天我们所熟知的"冯·诺伊曼结构"（程序存储体系结构），明确规定用二进制替代十进制运算，并将计算机分成五大组件。这一卓越的思想为电子计算机的"逻辑结构"设计奠定了基础，已成为电脑设计的基本原则。集成电路技术的引入，极大地降低了计算机生产成本，电脑也从此开始走向千家万户。

从 20 世纪 70 年代开始，进入电脑发展的最新阶段。到 1976 年，由大规模集成电路和超大规模集成电路制成的电子计算机，使电脑进入了第四代。1976 年，乔布斯和沃兹尼亚克创办了苹果电脑公司，并推出其一系列的 Apple 电脑。1982 年，微电脑开始普及，大量进入学校和家庭。超大规模集成电路的发明，使电子计算机不断向着微型化、低功耗、智能化、系统化的方向更新换代。

台式计算机

前途无限

世界上很多的前沿技术都是先用于军事，后来转为民用，电脑也不例外。尽管计算机技术自 20 世纪 40 年代第一部通用电子计算机诞生以来，有了令人目眩的飞速发展。但是直到今天，电脑仍然基本上采用的是"冯·诺伊曼结构"。这个结构实现了电脑应用的通用化，也就是说，即使是设计不同的计算机，只要经过相应改装，就应该同样可以完成从公司管理到无人驾驶飞船操控在内的各种任务。由于科技的飞速进步，下一代电脑在性能上能够显著地超过其前一代。这一现象有时被称作"摩尔定律"。

所谓摩尔定律，是英特尔（Intel）公司创办人之一摩尔提出来的。其主要内容是：当价格不变时，集成电路上可容纳的晶体管数目，大约每隔 18 个月便会增加一倍，性能也将提升一倍。换言之，即每一美元所能买到的电脑性能，将每隔 18 个月翻两倍以上。这一定律揭示了信息技术进步的速度之快。

回顾电脑的发展历程，仅就硬件组成上来说，早期电子计算机的体积足有一间房那么大，而今天某些嵌入式电脑可能比一副扑克牌还小。当然，即使在今天，依然有大量体积庞大的巨型计算机，专门为特别的科学计算或面向大型工程处理需求服务。而为个人应用设计的电脑比较小，称为微型电脑，或者简称为"微机"。

新型平板电脑

"电子计算机（电脑）技术"与"电子计算机（电脑）科学"是两个相关而又不同的概念，它们的不同在于前者偏重于实践而后者偏重于理论。电脑软件的开发，更是满园春色，阳光灿烂。此后电脑的变化，必将日新月异，其前途无限宽广。

24 恩格尔巴特的妙想——鼠标

◇ ....

在这电脑风行的时代，几乎已经没有人没用过电脑了吧。操作电脑时接触最多的是什么？非鼠标莫属。键盘主要在打字时用得多，如果到今天还没有鼠标的话，那么我们面对电脑这台机器，也将手足无措。

可是，鼠标是谁发明的？为什么取这样一个奇怪的名字？它跟老鼠有什么关系呢？这就要从一个美国人和他创造的小玩意儿说起。

登门求教

1963 年初夏，在美国加州的斯坦福大学计算机研究所，来了一位名叫恩格尔巴特（Engelbart）的青年人，他在所长办公室陈述了此次来访的目的。原来，在不久以前，恩格尔巴特曾在美国航空航天局工作过。他因为整天要与电子计算机打交道，每天要用手指点击键盘达几万次以上，酸痛难忍，所以孕育了一个不同的想法，打算改一改"击键"的方法，用"点按"的方式代替。说到这里，他便拿出用小木盒和小铁轮共同组成的小模型比画起来……

计算机研究所的专家们对恩格尔巴特的设计进行了讨论，并认为这个构思很新颖。自从 1946 年美国第一台代号为 ENIAC 的电子计算机研制成功以来，一直使用的是仿传统机械打字机的操作习惯，而恩格尔巴特设计的办法还没有人提出过。于是同意与他共同做进一步的研究。

到了 20 世纪 70 年代，施乐公司又加入到斯坦福大学计算机研究所的研究中，从资金上、技术上不断完善恩格尔巴特的发明。如把方形木盒子改为拱形的塑料小盒，内部的线路也清理、调整，形成一个完备的电路，再与电脑系统相连接。

偶然一得

时光流逝，转眼二十年过去了。1983 年 1 月，苹果电脑公司推出了个人电脑，首先配置的新配件是"点按"式击键器——在专利证书上的正式名称叫"显示系统光标位置纵横移动指示器"。同时，在专利说明中介绍：鉴于过去利用键盘进行"光标"移动时还要加上"回车"，操作十分费时费力。而这一发明可以简化操作，把光标移动和敲击回车合二为一，只需要单击或双击便可完成程序的操纵任务。

然而，这项新发明的击键器的名字实在太长了，谁记得住？念起来也别扭。说来也巧，有一天，恩格尔巴特坐在工作室的电脑前正在冥思苦想。突然身旁座位上的一位同事不小心撞了一下他的肩膀，把桌案上的"显示系统光标位置纵横移动指示器"碰掉下去了。恩格尔巴特回头一看，眼前仿佛有一个小东西拖着长长的细尾巴。他不假思索地喊道：

鼠标

mouse，mouse（英文，意思是老鼠、老鼠）。室内的其他同事不知发生了什么事，听到喊声纷纷围了过来。大家七嘴八舌地议论一通，觉得这个称呼形象生动，若把名称简化成"老鼠"也是一个不错的选择。

从此以后，人们便把"显示系统光标位置纵横移动指示器"更名为 mouse，当电脑热潮席卷到我国之后，不知何人把"老鼠"译成了鼠标，这种叫法就此流传了下来。由此可知，鼠标跟老鼠没有一点关系，只是一时间出于联想起的名字。

由于鼠标的发明，使电脑变得更容易使用，因此促进了电脑业更大的发展。然而，恩格尔巴特并没有因为他发明了鼠标，获得了大量的财富，而成为百万富翁。他依然清贫地生活，似乎鼠标与己无关。为什么会这样？因为鼠标的发明是用美国政府的资金在斯坦福大学计算机研究所完成的，申报主并不是恩格尔巴特，故鼠标的专利权属于政府。不过，事到如今，当人们坐在电脑前用手指点按鼠标的时候，不时地会回想一下它的发明者恩格尔巴特，他的确是为大家做了一件值得感激的好事。

25　　随叫随到的"天使"——手机

◇ ⋯⋯⋯⋯

　　自从固定电话（俗称座机）发明以后，人们之间互相通话联系频繁起来。但是，如果人不在家里，该怎么办？能不能发明一种无线的移动电话，让通信事业更加发达起来，为群众带来更大的方便？

　　1946年，美国电话电报公司贝尔实验室的工作人员，研制出了第一部所谓的"蜂窝式无线移动电话机"。但是，由于体积太大，使用有困难，只能把它放在实验室的架子上当样品。因此，这个"大家伙"只好束之高阁，没有实际价值。

　　到了20世纪70年代，通信技术有了明显的进步，发明了"手持机"，简称手机。这种手机与老式移动电话机相比，体积小很多，重量也轻许多。它是通话系统中的手持式移动平台，由操作部分、控制单元、收发信单元、双工器和电池板（电源）等组成。由移动用户控制，经基站转发，可与通信网内任何用户建立双向无线通话。试问：最早手机的发明者是谁？手机又走过了什么样的发展道路？

库帕先生的创举

　　据报道，1973年4月的某一天，有一名男子站在美国芝加哥市的街头做通话试验。他手拿一个好像有两块砖头厚的无线电话，开始与自己实验室的一位助手通话："喂，喂，乔治！我是库帕，我是库帕，你听清楚了吗？"

"喂，听到了，声音稍微小了点……"对方回答道。

"什么？小什么？"库帕大声地喊叫起来。

这段对话引起了过路行人的关注，纷纷驻足询问。原来这位就是手机的发明者。他当时任职于美国著名的摩托罗拉公司，是一名普通的工程技术人员。在工作了 29 年后，库帕成为这个公司的董事长兼首席执行官。

库帕后来回忆说：在我使用第一部移动电话时，还没有完全取得成功。我只是告诉他们，它的名字叫"大哥大"手机。我听到听筒那边在声嘶力竭地喊着——尽管助手已经保持了相当程度的礼貌。

从 1973 年手机注册专利，一直到 1985 年，才诞生出第一台现代意义上的、真正可以移动的手机。别的暂且不说，手机的重量由 750 克、250 克、100 克，直到 1999 年就轻到了 60 克以下。也就是说，一部手机与一枚鸡蛋差不多重了。达到这个目标，其间包含了多少人的智慧、精力和时间啊。不论怎么讲，现在手机已经成为全球最普及的便携式通信设备。库帕先生也成为业内公认的"手机之父"。他是当之无愧的。

摩托罗拉的神话

手机的发明与摩托罗拉（公司）有着不同寻常的千丝万缕的联系。摩托罗拉成立于 1928 年，1947 年改为现名，总部设在美国芝加哥市郊，迄今已有 80 多年的历史了。曾几何时，摩托罗拉就是无线电通信的代名词。光荣和梦想一路相随，它在技术上开创了 IT 和通信行业无数个第一，1973 年发明了第一款手机"大哥大"，更是全球第一部商用手机。可以说，摩托罗拉见证了迄今为止整个手机的发展史。

从 1998 年开始，摩托罗拉系列手机成为巅峰之作，到 2004 年摩托罗拉超薄手机问世，已然成为时尚、品位、财富、地位的象征。摩托罗拉手机在全世界售出一亿部以上,成绩惊人。然而,就在摩托罗拉陶醉于已有成绩沾沾自喜时,它只重视硬件而忽略售后服务、只重视销售而忽略系统维护的行为,很快惹怒了在使用手机过程中不断发现各类问题的消费者,"界面及软件不友好、功能和易用性差"等抱怨声不断。不久,在手机市场上被芬兰的"诺基亚"夺去"老大"的位置,韩国"三星"挤上"老二"的交椅,可怜的摩托罗拉早已被踢出"前三甲",堪称"没落的贵族"。

2008年1月份,摩托罗拉发布的上一年的财务报表显示:受手机业务亏损拖累,净利润同比下滑了84%。一个公司将未来放在一款系列型手机身上,是否意味着它衰落的开始?此时,诺基亚推出的智能手机迅速占领市场,取代了摩托罗拉。手机业务的持续低迷导致了摩托罗拉的经营陷入了泥潭。2012年8月,摩托罗拉宣布全球裁员20%,关闭1/3的办事处。不久,又把摩托罗拉(天津)全盘出售,公司一步一步将走向尽头,"天使"的光环便日渐消失了。

创新也是双刃剑

摩托罗拉手机曾经在信号质量、手机品质上有所"创新",令人赞赏。但为何后来一泻千里、一蹶不振?专家分析,他们对技术趋势把握上有错误、产品更新换代周期太长、对单一明星产品过度依赖以及忽视消费者体验是最大的"元凶"。第一,摩托罗拉以往成功的运营经验,成为自我创新的绊脚石。"摩托罗拉移动事业部产品开发迷失了方向。"第二,手机技术从2005年起就开始向专业化、细分化发展,出现了音乐手机、娱乐手机,然而,老牌摩托罗拉只有换壳等变化,已无法形成竞争力。以硬件竞争为主、推出一款明星手机可以畅销的时代已经一去不复返了。第三,旧时代的经验并不一定适应新时代的变化,战场已经发生改变。不是"苹果"打败了摩托罗拉,而是摩托罗拉自己打败了自己。第四,摩托罗拉的"金字塔"式组织管理结构,决定了它的研发周期过长,容易与市场需求变化脱节。第五,忽视用户体验,重销售、轻服务。公司盲目地认为自己了解客户需求,导致无法敞开心扉,无法以不带偏见的方式听取客户的建议，等等。

华为 5G 折叠屏手机

摩托罗拉遇上如此众多的纠结，剪不断理还乱，给客户带来极差的体验。更让消费者和渠道商无法忍受的是，不同渠道之间的窜货使得价格快速"跳水"，让他们觉得被欺骗了。虽然摩托罗拉在推出一款产品后，更关注下一部手机的开发，但是，却背离了商业规则："卖产品不是一次交易行为，而应当为一生的客户服务。"网络时代的产品发展迅猛，让科技行业的变革变得更加剧烈，摩托罗拉由盛而衰的事实，可以让我国移动终端相关企业从中汲取哪些有益的经验和教训呢？

链接：

早年"大哥大"

手机于 1987 年才在中国大地上出现，当时并不叫手机，而称"大哥大"。它有三个特点：一是售价 3 万元；二是有 3 斤（1500 克）重；三是预定 3 个月后才能拿到手。

四 住之趣

住，让身心能够活动的地方

Faming Chuanqi

01　　　曹操睡个安稳觉——枕头

◇ ⋯⋯⋯⋯⋯

　　什么叫发明？就是创造过去从未出现的新东西。这种东西必须是对大众、对社会有用，否则就会逐步被淘汰，乃至消亡。人有1/3的时间要休息，而最要紧的是睡觉。若觉睡不好会造成失眠，人的精力会大打折扣。所以从原始社会起，人们就曾经用石头或草捆等将头部垫高，以便睡个好觉，俗话说得好：高枕无忧，可见枕头对睡觉有很大的影响。你若有好奇心，晚上睡觉时不用枕头试试看，体会一下感觉如何。那么，你知道枕头是什么时候由谁发明的吗？这个故事要从我国的三国时期说起。

小书童的发现

　　我国在汉代以后，诸王林立，时势纷乱。到东汉末年，曹操的实力最大，他想统一华夏版图，千方百计地要消灭刘备、打垮孙权，长年累月地率兵与对方交战。打仗本来就是你死我活、你活我死的事，煞费心思。再加上曹操疑心重重，休息时老是侧身卧着睡，生怕有人来暗杀他，所以天天晚上睡不好觉。有时稍睡了一会儿，脖子又扭得不舒服。曹操本来就脾气暴躁，休息不好，火上加油，动不动就对部下发怒，甚至打人、杀人。

　　有一天晚上，曹操在军帐里掌灯夜读，已经是三更时辰了。他连连打了几个哈欠，小书童在旁边看见，知道丞相疲倦了，请曹操上床休息。可是，床上还摆着几木匣兵书，一时没有地方存放。小书童顺手就把它们平放在床的一头。曹操太困了，稀里糊涂地爬上床，把头搁在木匣上睡过去了。不一会儿，他鼾声如雷，睡得很香。小书童仔细地看了看，偷偷地乐了。

第二天，小书童模仿书匣的样子，用几层绸布包起军中的米袋，摆在床头。曹操也不细问，晚上困乏了倒头便睡。有时候，他的头没有放在米袋上，小书童就在旁边轻轻地移动一下米袋。曹操夜里睡得好了，白天精力充沛，变得有说有笑，情绪好了许多。小书童把这一切都记在了心里。

后来，曹操班师回朝，到了京城洛阳，饮酒、观舞，好不快活。可是，一到晚上他又睡不好了。文武百官们见曹操白天眉头皱起，又经常莫名其妙地对人发火，不知该怎么办才好。是什么原因呢？小书童最清楚，他向一位大臣说出了自己的想法，然后就给曹丞相缝制了一个垫头的东西。这东西长方形，里边塞满了厚厚的丝绵，十分干净漂亮。

曹操问："这是做什么用的？"

大臣和小书童忙说："睡觉用的，请丞相试一试。"

曹操试用了几天，乐呵呵地说："好，好，就叫它枕头吧。"他还吩咐大臣，多缝几个这样的枕头，送给朝中有功劳的官员享用。

枕头流向民间

发明枕头的小书童姓甚名谁呢？因无记载流传，一直找不到。其实，世界上的许多发明都像枕头一样，是无名氏发明的。值得庆幸的是，枕头由官府流传到了民间，也为广大老百姓所喜用。枕头的作用，逐渐为世人们所熟悉。枕头的花样，通过千万双巧手也日渐增多。

北宋著名的史学家司马光在编撰《资治通鉴》的时候，特地用一个小圆木当枕头。睡觉时，只要稍动一下，头从枕上滑落，便立即惊醒，醒后发备继续编书，他把这个枕头取名为"警枕"。元代制作的长方形瓷枕，更是夏季纳凉的佳品。它既彰显了古代工匠的高超技艺，又深受群众的喜爱，并且成为民间文化的载体。明代李时珍的《本草纲目》说："苦荞皮、黑豆皮、绿豆皮、决明子，作枕头，至老明目。"另外，清朝的慈禧太后拥有一只装有干花的特别枕头，中间有一个3寸见方的小洞。若将耳朵贴着洞，睡在这个枕头上，附近只要有一点小声音都会使人惊醒。这个"老佛爷"因怕有人来暗杀她，只好天天枕它睡觉。

瓷枕

我国前人对枕头颇有研究。古人在枕内放药以治病，叫作"药枕"。还有以竹片编织而成，以清爽、价廉而著称的竹枕。为了强身健体，在睡眠时达到治病的目的，民间有多种多样的枕头，大都以清火、去热为目的。

现代，枕头越来越广泛地用于医疗保健，如磁疗枕对治疗神经衰弱、失眠、头痛及耳鸣有一定的疗效。美国和香港流行一种颈椎枕，睡这种枕头能使颈、肩和颅底的肌肉完全放松，消除一天的疲劳。目前，日本还研制出一种健身枕，像振荡器那样不断释放能量，可促进人体血液循环、新陈代谢，又可以催眠，更好地发挥它作为睡眠工具的作用。在民间也得到广泛的应用。此外，还有充气枕、羽绒枕、乳胶枕等，新近，还有人发明所谓的"头枕"，就是在火车上或在办公室里便可坐着或趴着睡觉的工具。枕头品种约有几十种，五花八门，蔚为大观。发明枕头的功劳不可小看，你说对不对？

新式头枕

02　静气舒心梦中游——"席梦思"

◇ ·················

　　人的生活分为三个"1/3"：一个 1/3 是学习（或工作），一个 1/3 是吃饭和休息，还有一个 1/3 是睡觉。你看，睡觉占有多么重要的地位，所以要有一个舒适的睡眠条件。原始人开始只是用兽皮、草席作为睡觉的"家具"，这很不舒服。于是后来有了离开地面的土台，还是不行。有一本名为《广博物志》的书里说，"床"是中国远古时代神农氏的发明。但是没有讲那个床是什么样子。现在已知的中国最早的床，是 1957 年在河南省信阳市长台关考古发掘并出土的战国时的木板床。该床长 225cm，宽 136cm，六足，足高 19cm，四面装配围栏，前后各留一缺口以便上下。这床虽然简陋，却是高级人士的专用家具。

　　几千年来，不论中国、外国，床形、结构几乎没有太大的变化。19 世纪中后期，美国有人研究起床垫来。20 世纪中叶又出现了以人体工程学为基础设计的新型床体，在床框中装有多排、多层胶合木条，两端装有可活动的橡胶插座，呈"肋条"状；床的头端可自由掀起变换角度，相当于人肩背部的肋条，可调节软硬度，配上新型乳胶床垫，已经完全改变了床的传统结构。新型床具更适合室内布置和环境美化，让人们享受到现代生活的乐趣。

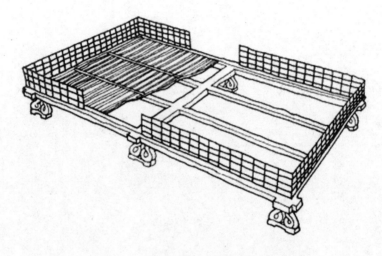

战国古床示意图

现在，我要介绍的是一种舶来品、新型床具——"席梦思"，让你听一听，这个新东西到底是谁开动脑筋发明的。

解释"席梦思"的来历

"席梦思"是什么？是英文 Simmons 的音译。它既是一个人的姓，又是一家企业（公司）的代号，同时还是一种床具"SIMMONS（席梦思）"的商品名。如果意译的话，"席梦思"的中文应该是"弹簧床垫"。

1875 年春，在美国东部威斯康星州的克诺沙市有一个卖家具的商人叫扎尔蒙·席梦思。他听到顾客抱怨床板太硬，睡在上面不舒服，于是便动起了脑筋，想在床板上做文章。他试了许多办法，比如在床板上铺一层厚厚的棉花，没多久就压实了，而且七歪八扭地还是不舒服。有一次，当他看到用铁丝做的弹簧时，眼前一亮。于是，他买来一批粗细适中的铁丝，用铁丝缠绕、编织成床绷子，外面用结实的布口袋包起来，躺上去试了一下，感觉还不错。1876 年，他雇了几名工匠，利用 14 个弹簧撑起，造出世界上第一张弹簧床垫。从此,开启了软性弹簧床的历史。

1900 年 4 月 14 日,在法国巴黎举行的第三届世界博览会开幕,参观人次超过 5000 万,而当时法国人口才只有 4000 万。当世界上第一个用布包着的弹簧床垫抬上展台后,立刻受到广大消费者的欢迎。席梦思先生用自己的名字宣布了弹簧床垫的品牌——Simmons(席梦思),故而"席梦思"也成为高级弹簧床的代名词。

席梦思

订购"席梦思"床垫的人越来越多,手工操作速度太慢,质量也很难保证。席梦思先生请机械师约翰·加利设计一台机器。约翰花了三年时间,终于研制出专门加工弹簧垫子的机器,一个个弹簧床垫快速生产出来,使人睡得香甜的"席梦思"走进了千家万户。现在,一般人们把软弹簧式床垫统称为"席梦思"。但是"席梦思"其实是品牌、是人名,不是床垫,只是因为它太出名,以至于我们把床垫都称作"席梦思",反而忘了它本来的意思。

有趣的是,在 20 世纪 30 年代,有一位美国的投资商突然跑到上海市"提篮桥"附近开了一家家具厂,开始推销这种弹簧床垫。挂牌时取名叫"席梦思高级弹簧床垫",由于名字太长,不好记,人们便只叫它"席梦思",而把后边的六个字省略了。久而久之,就叫成了三个字。

奠定睡眠学基础

一个全然放松的睡眠环境，让消费者睡得健康、睡得舒适，一直是"席梦思"对消费者不变的承诺，也是"席梦思"持续不断精益求精的原动力。它从此改写了床垫的历史与人类的睡眠习惯，也开启了辉煌百年的"席梦思"的传奇。

1925年，"席梦思"的首席工程师发明了能够生产独立筒（又称三环钢弦弹簧）的机器，此举更是改变了弹簧床的制造史。有别于一般的弹簧床垫容易压迫身体、让腰部悬空、使脊椎变形等缺点，独立筒床垫能完美服帖人体曲线，使身体各部位都获得适当支撑。它不但可防止脊椎弯曲变形，即使与人共眠也不会因为彼此翻身而相互干扰。各方的好评如潮，大家都夸"席梦思"的床垫好睡。一些知名人士包括发明家爱迪生、剧作家萧伯纳、汽车大王福特都现身说法为"席梦思"免费代言。"席梦思"也开始为世界各地的高层人物制造专用床垫，包括美国总统、英国皇室成员。听说，甚至中国的慈禧太后听到身边从欧美回国侍奉她的女官津津有味地讲起睡在"席梦思"床垫上的故事，也表示出浓厚的兴趣。

"席梦思"仍然不改初衷，致力于改善人类的睡眠品质。在首创独立筒袋装弹簧的同年，"席梦思"开始主导一项奠定睡眠学基础的研究计划。"以科学的理念，缔造更好的睡眠"一直是"席梦思"品牌的宗旨，它致力于提供更加完善的睡眠方案，带来独一无二的"无中断睡眠体验"。

1931年，"席梦思"研究发现人类睡眠姿势每夜平均改变达35次，这项研究也奠定了今日睡眠科技的基础，之后"席梦思"也着手将床垫朝同床不相互干扰的方向研发，让人们可以享受一整晚不受干扰的优质睡眠。

从发明第一张弹簧床开始，辉煌了一个世纪的"席梦思"陪伴着全球无数人度过每个好眠的夜，未来"席梦思"的传奇，仍将持续在世界各地流传下去。"席梦思"坚持贯彻"宣扬科学理念，创造更好睡眠"的品牌宗旨，不断研发优质床垫，提倡有效及良好的健康睡眠习惯，以帮助消费者获得更优质的休息方式。

03 权威的象征——椅子

◇ ....

椅子是有靠背的单人使用的坐具，俗称靠背椅。它与板凳、圆凳、藤椅、竹椅等在材料、结构和做工方面都是不一样的。椅子最早起源于何时？据说，至少在公元前三千多年的古埃及就有了用黄金打造而成的椅子，专供古埃及法老使用。椅子在今天看来，本是最普通的一种家具，而在遥远的古代却非同一般。椅子到底是什么东西？是什么人发明的呢？

有人说，我不喜欢坐椅子，硬硬的，而高兴坐沙发，软软的。沙发的功能多，可以坐上去或者躺上去，让人在感觉上更加随意、更加舒服。因此，沙发的功能齐备，用的人多一些。椅子随意性不足、舒适性不好，将来或许会被淘汰。说这种话的人，可能还不了解椅子有一项特殊的功能——象征着权威。这是沙发绝对不能替代的。你知道吗？

无上权威的象征

1921 年，有两名英国考古学家率领团队来到埃及开罗以西一百多千米的图坦卡蒙陵墓进行发掘工作。这里是世界驰名的"帝王之谷"，位于尼罗河西岸的沙漠之中，也是古代埃及首都底比斯的所在地。图坦卡蒙是三千多年前的一个年轻埃及法老，他曾经坐在黄金雕制的"御座"（椅上）上管理着庞大的埃及帝国。这把黄金椅子以金箔贴面，两边的扶手雕刻有雄狮和飞蟒，四周镶有宝石和银珠，看上去闪闪发光。这把椅子整体上装饰精美、雍容华贵，充分展示了帝王的权威。图坦卡蒙陵墓是埃及最豪华的陵寝，而清理出的墓葬里的黄金椅子也是埃及考古史乃至世界考古史上最伟大的发现之一。

另外，在古罗马的时候，一旦新皇帝继位，除了授予一根权杖外，还必须坐上只属于他的那把高高在上的"宝座（椅子）"，并接受王公大臣和外国使节的朝拜，才算得上是正式登基。当然，这把"宝座"椅子也是由许多雕刻师集体合作而成，除了各种宝石之外，还要使用大量的黄金、白银、青铜等铸造的部件来组装。宝座有数吨重，几十个人也搬不动。而普通平民是没有资格坐椅子的，甚至连瞧一眼的机会都没有。

在中国，历朝历代的皇帝坐的叫龙椅。所谓龙椅，是指古时候皇帝所坐的扶手上刻有龙的图案的椅子，一般放在皇宫内群臣上早朝的大殿上。龙椅由珍贵的楠木制成，扶手上刻有龙形图案，最后再漆上一层金黄颜色的漆以表示皇家的威严。龙椅，其象征意义及地位与中世纪欧洲各国君主的宝座相同，龙椅摆放于正式场合，用来接见本国大臣，面见外国特使，处理国家大事，等等。龙椅隐含了"第一把交椅"的意思，"坐龙椅"就是指当皇帝。

龙椅

古今中外，毫无例外，喜欢把椅子和权力联系在一起，恐怕这也是人类的共性。难怪英文里"主席"一词（Chairman），原意是"坐椅子的人"。这个人是天子的代表，别的人只能站立两边听候吩咐。呵！椅子的神圣、权威的意义便显示出来了。

中式椅子的变迁

在我国远古时代，先民还不知道有椅子。椅子是在汉末晋初随着佛教文化由西域传入的。在此之前，通常是"席地而坐"。主要有两种姿态：一种是双膝跪下，另一种是盘腿直坐。春秋时期，有了 6 只脚的矮床，人们开始坐在矮床上休息。东汉时期，北方有一种叫"胡床"的坐具流传到了中原。所谓"胡床"，有人说，它就是唐代诗人李白的诗句："床前明月光"中的"床"（小坐具），俗称"马扎"。换成今天的话说，就是小折叠凳（两个交叉的木框架子，中间夹一块厚布）。

椅子名称最早见于唐代。唐朝时期，社会经济文化有了很大的发展，矮床与胡床经过逐渐合并和改进，民间出现了"交椅"。南宋时期，有了短暂的繁荣局面，市面上有了"太师椅"。明清时期，出现了各式各样的家具，其中就有椅子。明清的椅子选材讲究，做工细致。推崇色泽深、质地密、纹理细的珍贵硬木来制作，以紫檀木为首选。

椅子是家具中的一个重要品种，因为它与人接触最密切，最能体现人的地位和品性，因而成为木匠们精心打造的对象，融入了中国传统文化最精粹的理念。椅子可分为四大类。一

檀木椅

是宗庙椅子，主要是佛像专用的宝座及僧人打坐的禅椅。二是中堂椅子，有官帽椅、太师椅等，是家庭及主人身份的象征。三是书房椅子，有圈椅、梳背椅等，装饰上追求精致、雅美和书卷气息，是

最具个性化的追求。四是内房椅子，如小姐椅、洗脚椅、小圈椅等，这是女人的私人用具，以纤小精致、华贵富丽见长，体现了女性的审美情趣。

椅子不是"好朋友"

不论是学习、还是办公或休息，都少不了与椅子打交道。有人说：人生的 1/3 时间是在椅子上度过的。如何善待自己 1/3 的人生呢？这是一个非常值得我们好好地想一想的问题。平时，你关注过自己坐什么样的椅子吗？它适合不适合？你了解过坐椅子的健康知识吗？

虽然如今椅子已经成为家中不可缺少的坐具，但它又是一个暗藏的"杀手"，久坐可以成病，我们应以多多起来走动为上策。"人们必须理解，坐着的肌肉运动机制与走路或锻炼的结果是完全不同的。"很多研究人类坐姿的专家这样认为：我们发现，肥胖的人天生更容易被椅子吸引过去。他们很快地就变成了椅子的奴隶。即使在他们成功减肥之后，还是比别人更喜欢坐着。长时间坐着不动，可能会让椎间盘退化速度加快。由于坐着时上半身的身体重量透过脊椎一直传到接触椅面的坐骨上，脊椎骨之间会有椎间盘来缓解这些压力，并提供脊椎的活动度。好的坐姿可以减小椎间盘的压力，减缓椎间盘磨损的速度，并降低腰部因久坐产生的不适感。而好的坐姿除了需要有正确的坐姿观念外，选择一张适合的好椅子，也是非常必要的。

好椅子的设计能凸显出独特的艺术魅力。利用人体力学的原理，对新材料、新工艺加以创造性运用，可以使椅子的造型更富于变化，各部分的结构更趋于合理。随着电脑的普及，电脑椅、老板椅在人们的工作、学习和生活中经常使用。这类椅子因所用材质和工艺的不同，价格也相差很大。

电脑椅

04　测量身体冷热的"尺子"——体温表

◇ ·················

　　在冬天，由于气温变化大，弄不好就会得感冒。因此一旦觉得身体不舒服，就应该去医院看医生。在候诊室里，护士常常要拿出一支体温表来测量病人的体温，检查看发烧不发烧。这个小小的体温表（又称体温计，在香港、台湾有人叫它"探热针"），现在看起来十分普通。在很多年之前，那时候并没有这种东西。那么，体温表到底是怎样被发明出来的呢？

怎么测量温度

　　大约在四百多年以前，意大利的科学家伽利略（1564—1642）在比萨大学任教的时候，有几位医生来咨询一个在医院经常遇到的问题，他们说："教授先生，生病时人体会发烧，您用什么办法能准确地知道他身体的温度究竟是多少度？"因为有些病人身上热得烫手，弄不好就会死掉，这可是非常严重的事。

　　伽利略为了寻找答案，反复地思考着两个问题：首先是弄清楚热与温度的关系；其次是用什么东西来指示温度？从原理上说，第一个问题比较简单，若热量大则温度高；反之，热量小则温度低。但是怎样才能把它们反映出来？为此，伽利略苦苦地思索着。

　　有一天，伽利略走进实验室，去指导学生做实验。他边操作边讲解，随口向学生提问道："在烧瓶中，当加热水达到沸腾的时候，水位将会出现什么情况？"有个学生回答："因为水被烧开了，达到沸点100度，体积膨胀，水位将会上升。"伽利略接着问："那么，当温度下降时，又如何？"学生答："水受冷，体积缩小，水位将会下降。"

　　听了学生的回答，伽利略对此解释道：你们已经知道了，水的温度变化会引起体积变化。反过来，从水的体积变化，不是也可以推知温度变化吗？于是，伽利略在实验室里，根据这个热胀冷缩原理，经过多次试验后，终于在1592年设计出测量人体体温的温度计来。

温度计的改良

　　最早的温度计是什么样子的呢？那是一根很长很直很细的玻璃试管（先把管内的空气排出，里边装入红色水，管壁上画有许多刻度），封闭的一端呈小球形，另一端插在冷水里。当用手握住"小球"经过一段时间，随着体积膨胀而使红色水柱上升。这样，看一看刻度就知道了。但是，这一套装置用起来相当麻烦，医院里婉拒不用。更糟糕的是，在发明后的第三个冬天，当地气温奇低。伽利略安装好的几个温度表，都因管内水受冻结冰而被撑破了。

　　1616年，伽利略的朋友、意大利医学院教授桑托里奥从医学临床的需要出发，在伽利略的指导下，与玻璃制品公司合作，在大量调研的基础上，对温度计进行了重大的革新：把长直管改为短直管；温度范围缩小到35～45度；由手握测量改为腋下测温，并改名为"体温表"。于是，在多家医院试用，协助检查患者的体温，收到了良好的效果。但是，当时体温表的售价较高，不是一般老百姓所能承受的。

　　1654年，伽利略的学生伏迪南用酒精代替水柱，使体温表的敏感度大大提升，只需几分钟便可测出温度的高低。1657年，意大利商人阿克米亚又想法子用水银来代替酒精，进一步减小了体温表的体积，制作上越来越精巧了。可是，使用的人并不是很多。一直到了 1867 年，由于在英国大大地降低了制造成本和销售价格，体温表的社会普及率才得以迅速提高。现在，市场上有各种样式的体温表，能分别对人体的腋下、口腔测温，也可对小孩进行肛门测温，使用更加方便了。

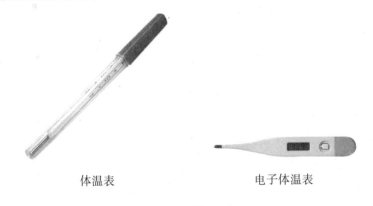

体温表　　　　　　　　　　电子体温表

伽利略的功劳

伽利略是意大利的著名物理学家和天文学家。他的出生地是欧洲的名城——意大利的佛罗伦萨市，在那里有绮丽的风光、巍峨的比萨斜塔、众多的尖顶教堂。在那里还云集了不少文化名人，如但丁、达·芬奇、布鲁诺、米开朗基罗等。当时，文艺复兴运动正在意大利兴起，各种学说、流派，异彩纷呈。争论氛围造就了伽利略的叛逆性格，那就是：敢于挑战，决不退缩；坚持真理，决不盲从；实事求是，决不乞求。他以怀疑的眼光看待权威们提出的学说，其中伽利略发现的自由落体定律便是一例。当时人人都这么想，老师也这么告诉学生：如果不同重量的东西从高处一齐掉下来，它们下落一定是有的快、有的慢。可是伽利略却有不同的看法，他认为：不同重量的东西，如果所受到的空气阻力相同，从同一高度下落，没有快慢、先后之分，它们会一齐同时落地的。后来，比萨斜塔的落球实验，证明了伽利略的看法是完全正确的。

伽利略从开始研究温度计直到做出了体温表，并由此引导产生两种温度的测量方式，这种连环套式、前赴后继的科研思路，对后世很有启发意义。1741 年，德国科学家华仑海制定了温度计的数字表示标准：把一定浓度的盐水凝固点定为 0 度；冰的融化点定为 32 度；人体（口腔）温度定为 97 度，水的沸点定为 212 度，这就是华氏温度（°F）。1742 年，瑞典天文学家摄尔修斯又引入了百分刻度法，创立了摄氏温度（℃）。其后德国人斯特罗姆把水的冰点定为 0℃，水的沸点定为 100℃，人体（口腔）温度定为 37℃。这就是两种温度计表示的由来。总而言之，若提起温度计、体温表，则伽利略的功劳是不可磨灭的。

05 文明生活的"花环"——抽水马桶

◇ ·················

一个人每天的生活中有三件私事——吃饭、睡觉和"解手"（即拉屎撒尿），假若其中有一件事完成得不好，那么就会立马出现各种问题。在我国，从汉朝起就有了被后人称为便器、便壶的专门用具，这也是"马桶"的前身。不过，人们在思想意识上以为大小便是不洁之物，文字上尽量回避，所以在古书上很难找到有关排便方面的记录。北宋时期，欧阳修在《归田录》中提到了"木马子"，据《辞源》中对其解释，这就是"木制马桶"。中国古代民间使用的马桶，

木制马桶

是一种带盖的圆形木桶，用桐油或上好的朱漆加以涂抹。现在已经少见，可能在南方乡村偶尔还能看到。

至于说到"抽水马桶"，它与"马桶"是完全不同的另外一码事。所谓抽水马桶，是近代发明的、带有水箱和冲水阀门的一种坐式便器。只有在社会经济、工业与技术发展到一定时期，才可能制造、安装。抽水马桶是谁发明的？

便秘者的想法

16 世纪中叶，在英国一般家庭里都没有专门的厕所（水房子）。平时要大小便，不少人总是去附近的大树下就地解决。室外的"公共厕所"建在后边的小河旁，用木桩架起，排下的粪便被河水冲走。

在伦敦，有一位贵族、诗人名叫哈林顿，经常闹便秘，每次排泄都令他痛苦不堪。虽然哈林顿家里有便器，但是他往往蹲上去，待几个钟头，还挤不出一粒屎来。于是，哈林顿就设想：把便器做得像椅子那样，坐上去舒舒服服，拉完屎后用水冲走，干干净净。他绘制了一套草图——一个贮水箱和冲水阀门，再加上一个木制座位。据说，这就是 1596 年哈林顿发明的第一个新式马桶。此后，哈林顿还写了《夜壶的蜕变》一书，书中详细描绘了他的新式马桶的设计。他还特地以《荷马史诗》中一位英雄"埃杰克斯"的名字为马桶命名。不过，当时的英国公众并没有接受这项发明，他们仍旧喜欢使用便壶。

1597 年，哈林顿又研制出一种活塞式马桶，并且安装在伊丽莎白女王的宫殿里。不过这种马桶的细节没有披露，也不清楚女王陛下用了没有。但是，他的这一举动，给女王留下了好印象。

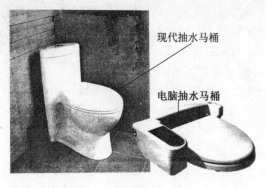

现代抽水马桶

电脑抽水马桶

抽水马桶

到了 1775 年，伦敦有个叫卡明斯的钟表匠，他对哈林顿的设计进行了改进，研制出一种冲水型马桶，并首次获得了专利权。自此，冲水马桶开始受到人们的欢迎。1848 年，英国议会通过了"公共卫生法令"，规定：凡新建房屋、住宅，必须辟有厕所、安装冲水马桶和存放垃圾的地方。这就为抽水马桶技术的发展提供了条件。然而，习惯势力是巨大的。由于排污系统不完善，抽水马桶没能得到广泛应用。不是所有家庭都安装得起抽水马桶的。

欧洲霍乱流行

英国工业革命开始于 18 世纪 60 年代。在此以前，英国人对疾病的传统看法是很落后的。他们沿袭欧洲中世纪的思维，将生病的原因归结为是人自身的罪恶、上帝的惩罚。这是从基督教的文化背景中反映出来的。到了 18 世纪末，人们普遍认为"腐烂"空气是疾病的罪魁祸首，病人是这种空气的受害者，疾病的发生只与恶劣的空气有关，与病人讲不讲卫生毫无关系。

在这种错误认识的支配下，欧洲的许多家庭楼房中一层才有一个公共厕所。在几百年的时间里，人们把大小便拉在便桶中，有时还把小便通过窗子直接泼到大街上；把粪便排放到地沟或化粪池中。一旦发生流行病（特别是霍乱病于 1830 年初已经来到欧洲），病人上吐下泻，往往横尸遍地。直到 1831 年夏，英国政府才意识到问题的严重性，必须要对霍乱采取措施，只有在这时才真正开始重视"马桶问题"。于是，首先要切断传播途径，大力开展"三管"（管水源、管粪便、管饮食），并且加强宣传瘟疫的传播不是上帝发脾气后对小民的惩罚，而是与不讲卫生有很大的关系。政府将拨出专款建造下水道，号召家家户户讲卫生，放弃便器，修整厕所。

1855 年，英国公共卫生部门要求所有住房都安装卫生洁具。1861 年，英国一个管道工托马斯发明了一套先进的节水冲洗系统，废物排放才开始进入现代化时期。从 19 世纪起，在普遍接通下水道之后，开始安装抽水马桶。1889 年，英国水管工人博斯特尔发明了冲洗式抽水马桶。这种马桶采用储水箱和浮球，结构简单，使用方便。从此，抽水马桶的结构形式基本上固定了下来。1890 年，卫生洁具开始在全欧洲普及开来。

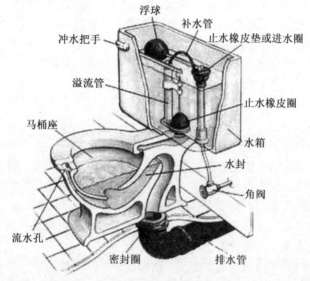

抽水马桶结构图

正由于这一次因不讲卫生所造成的欧洲和英国的霍乱大流行，彻底地改变了欧洲人对疾病、对卫生、对抽水马桶的看法。思想障碍扫除之后，行动就大大自由了。

全面走向社会

在当今世界上，抽水马桶已被公认为"卫生标准的量尺""文明生活的花环"。应该说，英国人发明抽水马桶是对人类社会的一大贡献。但是，倘若把它说成是世界上"最伟大的发明"，显然是有一些"过奖"了。

今天，随着科技的迅速发展，马桶又有新的变化。节水马桶、变水马桶、无水马桶等，纷纷问世。足见人们对这一发明的赞许之情。发明不论大小，只要对人民有益，都应该得到首肯，你同意这个看法吗？

06　　奥第斯的大胆创造——电梯

◇ ....

　　在城市里的高层建筑物中，按照设计规范，楼层超过八层，楼内安置电梯是少不了的。天津的曲艺演员马三立说过一个有趣的相声段子：假如人要爬上40层楼（中间休息几次），至少需要好几十分钟哩。如今，当你稳稳地乘电梯大约花几分、几秒钟登上高楼之后，可曾想到坐电梯真方便，不知是哪位"老兄"发明的？

搬运工的遐想

　　早在公元前，古希腊的科学先驱阿基米德，曾经创造了一种省力机械。它是由几根绳索和滑轮配合组成的。利用这个机械能够把重物吊上或移到一定的高度，完全依靠人力来操控，在建筑工地上，一直使用了很多很多年。后来，人们给它取名叫升降机。这个升降机虽然省力、省时、方便，但也有不容忽视的缺点，就是不够安全。往往一有大故障，机械全部瘫倒，什么事也干不成。

　　二百多年前，世界上还没有电梯。1776年7月4日，在费城举行的"大陆会议"，通过杰斐逊起草的《独立宣言》，宣布了美国独立建国。从那时候开始，全美各地陆续掀起了建设的热潮。发展经济的第一步就是建房、筑路、运货（物流）等，哪一样都离不开升降机。起初，这种升降机只能运货，不能载人。当时的升降机是人工拉动滑轮吊上去的。它依靠一根粗大绳索的力量，使机器只做上升、下降的简单运动。一些大公司的仓库，为了把货物运上、运下，就让搬运工开动升降机。操纵升降机的人，最怕绳索断裂，一旦有事，机毁人亡，大家都感到恐惧。

1852 年，有一个开升降机的美国人，名叫奥第斯。他勇敢过人、虚心好学，每天按时上班，工作认真、踏实、卖力，但是，心里总觉得不安。有一次真的发生了大事故，奥第斯见到工友的尸体被抬走，感到十分伤心。他常反问自己：能不能想出个好法子不让升降机出事？于是，下班回家后，他不是用心读书，就是找朋友商量，遇上假日，还要向一些专家请教，弥补自己知识上的不足。他用纸片、木条、丝线等做了许多个不同的升降机模型，反复比较，希望找出一个安全的办法来。这件事传到公司老板那里，一下子获得了经济支持。于是，奥第斯便同几个工友买来了一些材料和零部件，大胆地进行实验。他们决定不再依靠绳索，而是借助齿轮等连接机构来驱动升降机。

试验中，他们夜以继日、废寝忘食。遇到一个个难题，奥第斯和他的伙伴都千方百计地克服。面对一次次失败，他们咬咬牙、卷起袖子继续干下去。奥第斯的决心是坚定的、不会动摇的。改进、改进、再改进……经过两年多的不懈努力，终于干出了点名堂。新式的、不用绳索、安全的升降机制造成功了。

奥第斯的收获

1853 年 5 月的一天，在纽约市的水晶宫博览会大厅里，人头攒动，热闹非凡。一个别开生面的表演即将开始。观众们看到：一位满脸络腮胡子的大汉正站在装满木箱、铁桶的升降机平台上，让升降机徐徐上升。当升到一定的高度，在场的人们都看见平台的时候，大汉突然喝了一声："砍断绳索！"只听得"咔嚓"一响，吊绳软软地跌落下来，而平台被周边的弹簧和棘爪紧紧地锁住，纹丝不动。接着，平台又缓慢地向下到底。

在场的观众，先倒吸了一口气，接着爆发出雷鸣般的掌声。大汉挥动着帽子，向大家鞠躬致意。他大声地说："女士们、先生们，一切平安，一切平安，谢谢!"这位被人群簇拥的大汉，就是发明第一台安全升降机的奥第斯先生。

1857 年初，奥第斯集资开办了一家制造升降机的公司。他想，我们公司做的升降机要与普通升降机不一样。一方面把敞开的平台变为厢式结构；另一方面采用电作动力。不仅可以运货，更主要的功能是可以安全载人，让住户轻松地自由上下楼，免去爬楼梯之苦，并且改名叫"电梯"。

奥第斯公司安装第一部"电梯"（当时仍叫升降梯，开始是人工拉紧滑轮上升，后来用蒸汽机拖动，直到 19 世纪发明了电动机后才改称电梯）是在 1857 年 3 月 23 日，安装在纽约百老汇大街的霍沃特商场（专营法国瓷器和玻璃器皿等），该楼房共 5 层，升降梯的载重量是 1000 磅（1 磅＝0.453 千克），上升速度为 40 英尺（1 英尺＝0.304 米）/分钟。

从此以后，电梯为建造高楼时运输工具打下良好的基础。到了 1932 年美国纽约曼哈顿区的帝国大厦建成时，安装的电梯可供 102 层楼使用。现代化的大型超市、百货店、连锁店等，大都装有供顾客搭乘的电梯（厢式电梯）、扶梯（滚动梯）。

手扶电梯

随着科技的大发展、经济的大繁荣，电梯的形式日益增多。除老式的厢式电梯以外，还有自控电梯、观光电梯、双层电梯等。今天的电梯内部装饰更加考究：有紧急电话、灯光照明、空调器、楼层电子显示器等。此外，电梯内的箱壁上还嵌有玻璃镜和彩色广告等等，与过去的老电梯相比，真是不可同日而语了。当你走进电梯上行下行的时候，或许你并没有想到：这是电梯的发明人奥第斯先生正在为我们服务哩。

观光电梯

07　发明与感悟——电灯泡

◇ ·················

　　天黑了，回到家里的第一件事就是打开电灯，这已经是习以为常的事了。常听人说，电灯是由美国人爱迪生发明的。不过，这句话说得有点笼统，不准确。电灯的概念比较广，包括日光灯、氖灯、节能灯等。严格地讲，爱迪生应该是白炽灯或者电灯泡的发明者。从大的方面讲，电灯指的应该是一整套供用电系统，包括发电机、电线、铺设电路等。当然，如果没有好的电灯泡，那一切将成为空话。然而，光有电灯泡也不行，还要有发电厂和供电站，建立电力网支撑，才能把光明送到千家万户。

　　电灯是人类征服黑夜的一大发明，这是毋庸置疑的。电灯与电灯泡之间不应该画等号，可是，人们一直习惯地把这两者混在一起。为什么要把发明电灯泡的花环戴在爱迪生的头上？这是因为只有他研究出来的电灯泡才具有真正的实用价值。历史上的许多发明，争论不断，吵得面红耳赤，闹得天翻地覆。盖其源于没有扣准发明中的第三性——实用性（前两性是新颖性、创造性）。那么，让我们来谈一谈研究和改进电灯泡的这件"小事"吧，从中或许对我们理解"什么叫发明"会有一些启发和帮助。

爱迪生是什么人

爱迪生是个什么样的人？他是一个小学未读完就辍学、文化程度不高的人。可是，依靠自信和毅力，9岁时读完了一些历史书籍。几年以后，爱迪生又自学了化学、经济、哲学、文学等方面的许多知识。此外，他还做了大量的化学和电学实验。

爱迪生

爱迪生又是一个意志坚定、异常勤奋的人。为了尽快地把前人和当代人达到的科学水平拿到手，当他研究电灯时，先把各种照明（如油灯、煤气灯、电弧灯等）的资料统统收集起来，再仔细地阅读，仅就这一专题摘抄的笔记有40000多页。一般人是很难做到的。

爱迪生还是一个自学成才、会动脑筋的人。听说，有一次爱迪生到一所学校里去演讲，他拿出一只电灯泡对听众说："请大家帮帮忙，它的容积究竟是多少？"学生们听了，便拿起纸和笔算了起来。有的列公式，有的画图形，忙得不亦乐乎。算了很长时间，还是没有得出一个准确的结果。这时候，爱迪生笑着说："你们真是有点'老学究'的样子了，灯泡的容积不一定要算，有一个简单的办法，做起来也容易：在一个容器里边盛满水，把灯泡放进去，下边接一个有刻度的量筒或杯子，看看溢出的水有多少，这就是它的容积。"听到这里，学生们才恍然大悟了。

爱迪生这个很普通的人为什么能做出不平凡的事呢？就在于他坚忍不拔、再接再厉、勤学苦干，不达目的，誓不罢休。

爱迪生艰苦奋斗

19世纪前，人们用油灯、蜡烛等来照明，这虽已冲破黑夜，但仍未能把人类从黑夜的笼罩中彻底解放出来。只有电灯的诞生才使世界大放光明，把黑夜变为白昼，扩大了人类活动的范围，赢得更多时间为社会创造财富。

19 世纪初，有人开始研究用电照明的事。美国 1845 年的一份专利档案中说，有个名叫斯塔尔的人，提出可以在真空泡内使用炭丝。按照这种思路，他用一条条炭化纸作灯丝，试图使电流通过它来发光。但是因当时抽真空的技术还很差，灯泡中残留的空气使得灯丝很快被烧断。因此，这种灯的寿命相当短，约有 1 个小时，不具有实用价值。1878 年，又有一个人名叫斯旺，他利用真空泵来抽真空，再度开展对白炽灯的研究。然而，他们考虑到因为有风险，怕赔本，使用的资金少、人力不足，所以一直没有真正解决电灯泡的问题。

爱迪生经过深思熟虑后，从 1878 年起，大胆地聘请了 7 名助手，投资了 4 万多美元，花费了一年多时间，试验了 1000 多种材料，终于把关键性的灯丝选定了。另外，爱迪生公司首先想出并建成了电力站和电力网；在电路上装灯泡用并联而不串联（不会因为一个灯泡的关闭或损坏而影响整个线路）等。

为了研制电灯泡，爱迪生在实验室里常常一天工作十几个小时，有时连续几天不停地进行试验。在发明了炭丝作灯丝后，再次提高了灯泡的真空度，又选择炭化竹丝，装到灯泡里，延长了电灯泡的使用时间。1879 年 10 月 21 日，爱迪生采用炭化棉线作灯丝，把它放入玻璃球内，再启动真空泵将球内抽成真空。结果，炭化棉灯丝发出的光明亮而稳定，足足亮了十多个小时。就这样，炭化棉丝白炽灯诞生了，爱迪生因此获得了专利。

白炽灯

通过上边的介绍得知，对电灯泡的研究过程是，美国人斯塔尔首先提出了在真空泡内使用炭丝的理论基础；其次，斯旺按照这种思路进行了大胆实践；最后，爱迪生总结了前人制造电灯的失败经验后，做了发展提高，延长了白炽灯寿命，从而获得此项发明的专利权。电灯泡到底是谁发明的，这不是十分清楚了吗？

爱迪生人生感悟

爱迪生的一生有很多发明，据说总共有 1200 件，甚至更多。对此说法应予纠正，真正属于爱迪生的发明不超过 200 项，其他都是公司员工的职务发明。你想，爱迪生 38 岁才走上发明之路，到 1929 年生病（1931 年病逝），其间大约只有 30 年的工作时间。如此计算，1200 件发明，他每年的成功发明应该有 40 项。平均 9 天他就端出一项新发明，以 19 世纪的科技水平看，这可能吗？

当然，爱迪生无疑是一位出色的发明家。可是有人称赞他是个天才时，爱迪生却解释说："天才就是 1% 的灵感加上 99% 的汗水。"

他确实是懂得一点"盛名之下，其实难副"的道理。

晚年，爱迪生在回忆自己的经历时说："我几乎没有从我的发明中获利。虽然我取得了 1180 件（公司）发明专利，如果把实验费和打官司的费用加在一起，其支出远远超过这些专利付给我的钱。我不是作为一名发明家，而是作为一名制造业者，通过制造和出售我的产品来赚钱的。"由此可知，发明与赚钱虽是两回事，两者又是紧密相连的。发明不一定会赚钱，有时还会赔钱哩。

爱迪生一生中最重要的发明之一是电灯泡，他曾经说过："当夜幕降临前，炭化棉丝已准备好了，随后插入灯内，抽尽灯泡内的空气，再加以封闭，通上电流，于是，朝思暮想的景象映入我们的眼帘，那是多么美丽的图画哟！"

继爱迪生之后，1909 年，美国又发明了用钨丝代替炭丝，使电灯效率猛增。从此，电灯跃上新台阶，日光灯、碘钨灯、节能灯等形形色色的灯，如雨后春笋般登上照明舞台。电灯使黑暗化为光明，使大千世界变得更光彩夺目，绚丽多姿。

节能灯

08　声声相通传信息——电话

◇ ·················

　　在信息化时代，电话已经成为人们不可缺少的通信工具。电话的原理是将人声音的模拟信号通过调制解调器转换为数字信号传输，然后又通过调制解调器转换为模拟信号，这样就可以听到声音了。这句话太专业了，不好懂。通俗地说，电话和我们日常拿的话筒与喇叭一样，只是利用电流脉冲把声音转换成脉冲波，经过导线传送到扬声器上，再将脉冲波还原成声音发送出来。明白了吗？

　　电话机是一种用于话音和声频电信号的相互转换，以及收发呼叫电信号的装置。别看它外形不大，结构也不复杂，作用却挺大。现在应用最多的是自动式电话机，装有拨号盘或号码按键，发出被叫用户的电话号码后自动地接通电话。

　　电话是谁发明的这个问题，曾经在很长时间里有争论。有人说，虽然英国发明家贝尔在1876年成功地完成远距离的两人通话，但是，电话的基本传声原理却是法国人鲍萨尔1854年想出来的。9年后，于1863年德国人赖伊斯又重复并加深了这个研究。至于电话机，则是美国发明家格雷在1875年最先设计的。可是为什么很多人都认为电话是贝尔发明的，并让他获得了"电话之父"的称号？也许你听完这个传奇故事之后就明白了。

前人的工作

前已述及，早就有人做过电话原理方面的探讨。他们将两块薄金属片，用电线相连，一方发出声音时，金属片振动，变成电流传给对方。这仅仅是一个想法，并未付诸实施。问题在哪儿呢？原来，困难在于送话器和受话器的构造。那时候还没有办法把声音这种机械能转换成电能。

1863 年，德国的中学教师赖伊斯用木头、电线、香肠膜和金属片等为原材料，做成一台电话机。经过试验，发现它可以传送声音，只是信号微弱、效率较低，但声音还是能够听清楚。有人认为这个简单装置就是世界上最早的电话机，它比贝尔 1876 年发明电话机早了 13 年。但又有人认为这只是一个小孩子的玩具。奇怪的是，这项发明不知什么原因，作为一项机密被隐藏了 80 多年。英国伦敦科学博物馆馆长透露，在 1947 年 3 月首次公开的文件中，详细记载了当时英国进行的一系列电话试验。他还补充说，我手里有 400 多页从未发表的手稿和文件，它们可以相当清楚地证明，是赖伊斯，不是贝尔发明了世界上第一部电话机。

1875 年，美国发明家格雷搞了一个"通话电报"装置，这很可能是受了美国人、电报的发明者莫尔斯的影响。有趣的是，这个装置也有点像中国的儿童玩具，就是在两金属盒的底部拉上一根绷紧的电线，当有人在一端对着盒子喊话时，声音就会通过电线传递到另一端。格雷认为，人的发音就是一种振动，它可通过固体进行传导，也就是声音能由导线传送到远方。

早年的电话

此后的许多年，经常有这样的争议：到底是谁发明了电话？答案一直很不明朗。随着时间的推移，人们逐渐把目光聚焦到英国人贝尔的身上。为什么会这样呢？

贝尔的经历

贝尔是何许人？他于 1847 年 3 月 3 日在苏格兰的首府爱丁堡出生并在那里接受了初等和中等教育，17 岁时在伦敦大学医学院攻读生理解剖学，1867 年大学毕业后跟随其父在聋哑儿童学校教了两年书。他的父亲是一位教育家、语言学家，又是聋哑人英国手语的发明者之一。顺便提一句，世界上第一位聋哑教育家是法国的德雷佩神父。他于 1760 年创设了国立"聋校"，担任第一任校长，发明了法国手语，以利于学校的管理及训育工作。中国手语是 1887 年（清光绪十三年）美国传教士梅里士在山东登州（今蓬莱）开办聋哑学校时将手指字母传入中国而发明的。在那里，贝尔对聋哑人产生了强烈的同情心。以至于贝尔后来的妻子，就是他曾经的学生，一位耳聋的姑娘。他心里唯一惦记的事，就是要完成传递人声的工作。

1868 年年底，贝尔移居美国，不久加入美国籍。1869 年，22 岁的贝尔受聘去美国波士顿大学语言学院任教，担任声学讲座的主讲。由于情感上和职业上的原因，他专心研究过听和说的生理功能。那时候，在社会通信方面人们主要追求的是"莫尔斯电报"。可是电报发明二十多年了，久而久之，人们又有点不满足。因为发一份电报，需要先拟好电报稿，然后再译成电码，交报务员发送出去；对方报务员收到报文后，得先把电码译成文字，然后投送给收报人。这不仅手续繁多，而且不能及时地进行双向信息交流——要得到对方的回电，还需要等待较长的时间。人们对电报的不满情绪引起贝尔投入新的探索。他大胆地设想：如果能用电流强度模拟出声音、传递语音，那肯定比显现文字的速度快得多。

1873 年，贝尔已是波士顿大学语言生理学的教授。但他最放心不下的仍旧是电话。他毅然决然地辞去教授职务，开始专心研制电话。1875 年，贝

老式电话

尔在工作中看到电报机中应用了能够把电信号和机械运动互相转换的电磁铁，这使他受到了启发。贝尔开始设计电磁式电话。他最初把音叉放在带铁芯的线圈前，音叉振动引起铁芯相应运动，产生感应电流，电流信号传到导线另一头，经过转换，变成声信号。随后，贝尔又把音叉换成能够随着声音振动的金属片，把铁芯改作磁棒，经过反复实验，制成了一部实用性较好的电话装置。

1876年3月10日，贝尔通过送话机与实验室的助手沃森首次通话。当时，贝尔正在做实验，不小心把硫酸溅到脚上，他痛得不禁对着话筒向正在另一房间里的沃森大叫："沃森，快来帮帮我！"不料，这一求助声竟成为世界上第一句由电话机传送的话音，沃森从听筒里清晰地听到了贝尔的声音，证实他发明的有线电话成功了。这一天使贝尔明白了，假设没有实际通话的例子，来证实电话机的作用，那还称得上发明吗？

贝尔的专利申请被批准，专利号为美国US174465。其实，在贝尔申请电话专利的同一天几小时后，另一位杰出的发明家格雷也为他的电话申请专利。由于这几个小时之差，美国最高法院裁定贝尔为电话的发明者。

1877年，贝尔在波士顿与相距300多千米的纽约的沃森首次进行了长途电话实验。就在这一年，有人第一次用电话给《波士顿环球报》发送了新闻消息，从此开始了公众使用电话的新时代。

1878年，美国贝尔电话公司正式成立。他不仅发明了电话，而且建起了世界上第一家电话公司。1922年，贝尔病逝于加拿大，享年75岁。贝尔生前曾自信地向社会这样宣告："我知道命运掌握在我自己的手中，我知道巨大的成功马上就要到来。"

现在的电话

如果说发明是50%的成功，那么另外的50%就是市场认可。世界上的许多发明专利之所以被束之高阁，因为它仅是一个"半吊子"，没有在社会中获得应用和普及。所以真正的发明的目标是在社会上获得实实在在的使用价值。

09 神奇的"万花筒"——电视机

◇ ......

过去有一句老话:"秀才不出门,能知天下事",那只是一种愿望。今天,这句话已成了现实,只要一打开电视机,国际形势、国内新闻、唱歌跳舞、柴米油盐……立马显现在眼前。可以这么说,目前,世界各地的绝大多数人几乎天天都看电视,真是"不可一日无此君"。然而,你可晓得电视机是哪个人在什么时候发明的吗?

两个名词不一样

一般人说的"看电视",是一句习惯上的口语。它的意思是说"打开电视接收机,观看节目",大家都心领神会了。其实,电视、电视接收机是完全不同的两个概念。电视,是通过无线电波或导线同时传送声音与活动图像的电子技术。而电视接收机简称"电视机",是把电视信号复原为图像信号及伴音信号的装置。前者是看不见的"技术";后者是摸得着的"实体"。

电视技术包括电视摄像、电视频道、电视直播卫星等,范围十分广泛。简单点说,电视至少包含有两方面的内容:一方面是电视台里利用"摄像机"把所拍摄的影像及声音,转换成电波一起发出去;另一方面是通过电视接收机把影像及声音同时接收下来,使荧光屏上呈现像放电影那样的画面和音响。在摄像机里有一个关键器件叫"摄像管"，这是拍电视不可缺少的，它一出毛病就很麻烦。一般人很少去接触它，是摄像师的宝贝。

电视机则是一种机器，有不同厂家生产的不同品牌。虽然我们天天见到，但却有许多不明白的东西。电视机的任务，是把电视台发送过来的电波转变成光、声信号。完成这个转变的关键器件叫"显像管"。这是一个高度真空的玻璃泡，在小头一端装有电子枪，其大头一端就是荧光屏。电子

黑白电视机

枪发射的电子束受信号控制，当电子束来回扫描撞击到荧光屏上时，便显现出图像及声音来了。所以说，电子枪、电子束、荧光屏是电视机的三要素。最早（1939 年）的电视机是黑白色画面的，到 1954 年才有了彩色电视机。说到底，电视机与显像管的关系密切，如果没有显像管的出现，就没有电视机的发明。

"神奇魔盒"谁发明

电视机是谁发明的？有很多说法，难以定论。我觉得，电视机并不是某一个人的发明，其间走过了许多曲折的道路，包括了很多科学家和发明家的心血。因为几乎是同一个时期，有许多人在做同样的研究，所以是众多发明叠加的结晶，是众人合作的成果。其实电视不是哪一个人的发明创造，它是一大群处于不同历史时期和国度的人们的共同研制成果。

早在 19 世纪时，1873 年英国人史密斯发明了硒光电池，1879年德国科学家布劳恩发明了阴极射线管，这两项研究成果成为发明电视机的奠基石。进入 20 世纪 20 年代，无线广播的成功提供了研制电视机的基本技术条件。1923 年英国发明家贝尔德对电视的传输进行了研究，取得了重大进展。

有一天，一个朋友告诉贝尔德："既然马可尼能够远距离发射和接

收无线电波，那么发射图像也应该是可能的。"这使他受到很大启发。贝尔德决心要完成"用电传送图像"的任务。他将自己仅有的一点财产卖掉，收集了大量资料，并把所有时间都投入到研制电视机上。

1925年10月2日是贝尔德一生中最为激动的一天。这天，他在室内安上了一个能使光线转化为电信号的新装置，希望能用它把他的助手比尔的脸显现得更逼真些。下午，他按动了机上的按钮，一下子把比尔的图像清晰逼真地显现出来，他简直不敢相信自己的眼睛，他揉了揉眼睛仔细再看，那不正是比尔的脸吗？那脸上光线浓淡层次分明，细微之处清晰可辨，那嘴巴、鼻子，那眼睛、睫毛，无不一清二楚。贝尔德高兴得跳了起来。实验成功了！1926年1月26日，英国皇家科学院的研究人员应邀光临贝尔德的实验室，放映结果完全成功，引起极大的轰动。这是贝尔德研制的电视第一天公开播送，世人将这一天作为电视诞生的日子。贝尔德被称为"电视之父"。

条条道路通罗马

大家都以为电视机是英国的约翰·贝尔德在1925年发明的。其实，这个看法是有争议的，因为，也是在那一年，美国人斯福罗金在西屋公司向他的老板威斯汀豪斯展示过他的电视系统。历史悠久的西屋公司成立于1886年1月8日，是美国主要电气设备制造商和核子反应器生产工厂，总部设在宾夕法尼亚州匹兹堡市。1889年时曾改名西屋电工制造公司，1945年10月改用现名。

专家经过评议后认为：早在19世纪时，人们就开始讨论和探索将图像转变成电子信号的方法。而在1900年，电视（television）一词就已经出现了。尽管时间相同，但贝尔德与斯福罗金的电视系统是有着很大差别的。史上将贝尔德的电视系统称作机械式电视，而斯福罗金的系统则被称为电子式电视。这种差别主要是因为传输和接收原理的不同。

液晶电视机

　　世界上第一台电视机到底是谁发明的？这里牵涉到申请专利权的问题，哪个早一天申报，哪个就拿到这项专利，哪个就捷足先登，"全球第一"的冠军奖杯便握在他的手中。

10 储存食物的好地方——电冰箱

◇ ....

很早以前，人们就懂得冷的环境最有利于食品的保存。所以古代的先民就在冬季取冰，深埋在地窖里以备次年夏天使用。天然冰是唯一的制冷剂，这种利用冰来冷藏食物的办法虽沿用了很久，却不能令人满意。直到 19 世纪研制成功了电冰箱，它的出现，给我们的日常生活带来了很大的方便。

如今的电冰箱式样美观大方，有单门、双门、三门的，里边有冷藏区、冷冻区，存放、拿取食物十分方便。试问：世界上的第一台电冰箱到底是谁发明的？

从制冷机到冰箱

1834 年，美国发明家帕金斯为了研制制冷机，做了许多试验。他发现当某些液体蒸发时会产生一种制冷效应。例如向手背上涂抹些酒精，就会有凉飕飕的感觉。换句话说，人手的体温促使酒精蒸发，带走了热量，从而使温度降下来。这个道理是很清楚的。帕金斯突然想到，乙醚比酒精更容易挥发，制冷情况可能会更好，如果再让乙醚循环使用（重新将其冷凝），不是可以连续地发挥作用吗？

经过一番努力，一台以乙醚为工作介质的制冷机终于做出来了，叫乙醚制冷机。不过，帕金斯造的制冷机制冷的温度不够理想。

1876 年，另外一个美国人林德采用加压的方法使氨气变成液体，液体氨再汽化蒸发，可使温度降低，产生的氨气再次经过加压又变成液体。如此周而复始地进行。这样又制成了氨气制冷机。可惜这两种制冷机都是通过手工进行操作。虽然勉强地让水结成冰，但实用价值不大。

其后，由于电能的发现、利用和推广，有助于使制冷工业完成历史性的转变。以电为动力带动的压缩机取代了旧式（手工）的压缩机，把研制制冷机的层次推到了一个新的阶段。1913 年，美国芝加哥的电气工程师科帕兰德产生了一个新的构想：干吗要先做什么制冷机让水结冰？还不如跳出"老框框"，干脆一步到位，合并做出"冰箱"来！于是他便四处走访，调查研究，了解到社会上绝大多数人奢望的是一个冷藏柜。然后进行设计，希望能够做到满足家庭的需要。

起初科帕兰德的电冰箱是个什么样子呢？从外表上看，好像一个大衣柜，外壳是用木材做的，门上没有拉手，用销钉扣上。封门的材料是橡胶条，保温层内装的是锯末和海藻。压缩机放在背后，开动起来响声隆隆。尽管有这样那样的缺点，电冰箱打开后能够保持较低的温度，又能够较长时间存放食物，故依然受到人们的欢迎。据说，公司一开张就收到 60 多台订单。顾客盈门，供不应求。

多少年过去了，现在电冰箱已经成为一般家庭的电气用品。而在电冰箱的制冷原理上，昨天和今天并无多少变化。只是工作介质改用"氟利昂"（这种化合物有破坏作用，遭到某些国家禁用）。如果从环保的要求出发，新一代的电冰箱应该朝向绿色、无氟、无噪音的方向发展。

冷藏食物有学问

自从有了冰箱，人类再也不会为食物变质而发愁了。可是，到底怎么利用好冰箱还存有一些误区。许多人并不了解，冰箱并不是万能的。他们常常一买回食物，不管三七二十一，统统塞进冰箱。殊不知这样做，对食物保鲜不仅没有益处，反而会让它提前腐烂。

怎么做好呢? 专家建议：不适合在冰箱里久存的食物有含水量较多的果蔬，如西红柿、黄瓜、柿子椒、荔枝等，最好先放在冷藏室的抽屉中，尽快吃掉。这些果蔬如果冷藏时间久了，会变黑、变软、变味的。

搁置一天之后再放入冰箱的有苹果、葡萄、白菜、芹菜、胡萝卜等，这些果蔬上的残留物，在室温下放置 24 小时，有利于挥发。一旦放入冰箱，低温会抑制果蔬的"酵素"活动，不利于残毒分解。

还有一些食物，如面包、"火烧"、巧克力、香蕉、柠檬、南瓜、火腿等等，并不适宜放入冰箱冷藏。总之，不要把冰箱当成保险柜，它只是起一个转运食物的"驿站"的作用。还是随买随吃，吃新鲜的食物最好。

11   非天然的凉爽世界——空调机

◇ ·············

俗话说，在盛夏，骄阳烈日似火烧，路上行人汗水浇。然而，如果在房间里就不用担心天热，我们可以创造一个清凉的世界。这是怎么一回事？是谁在施展"魔法"，变出了这样一个令人舒适的环境？告诉你吧，这是空气调节机——简称"空调机"的功劳。

所谓空调机，就是一个完整的制冷系统，再配上风机和一些控制器来实现制冷工作的电气设备。它的制冷按照压缩、冷凝、节流、蒸发四个过程来完成。可是，谁是空调机的发明者？这还要从头说起。

旧事重提

1881 年 7 月 2 日，美国第 20 任总统加菲尔德在华盛顿车站遭遇枪击，伤势严重，必须立即动手术取出子弹。时值盛夏，病房里又闷又热。医生提出，只有在降低室温的条件下，才能为总统实施手术。在那个空调机还没有发明的年代，通常是用冰块来使室内气温降低。可那时候，要一下子调来许多冰块降低室温还有困难。

有个叫西多的年轻人挺身而出，他说他有"高招"："要为总统病室降温吗？不必了。可以把总统抬到矿井下边去，地上外面热，矿井下面好凉快哩。""什么？你发疯了？总统到矿井下怎么养伤?!"大家都反对。

怎么办好呢？

原来西多当过矿山消防员，他有在井下进行通风作业的经验。当空气受到压缩时，气体会放出热量；而把压缩后的空气再膨胀时，又会吸收大量的热量。本着这样的思路，他给总统病室的旁边安装了一台空气压缩机。先把空气压缩、冷却，然后再让它在病房里膨胀、吸热，结果成功地把室温降低了七八度，效果不错。

但是，大型压缩机一工作起来，噪声特别响，吵得人不得安宁。总统昏迷了79天后，在9月19日医治无效而身亡。可怜他从1881年当选总统，就职仅四个月即遭暗杀。凶手于次年被处以绞刑。加菲尔德逝世后，大型压缩机扔在那里没有人过问。日久天长锈迹斑斑，后来变成了一堆废铁。从此，也没有人再提起它。这事就不了了之了。

服务机器

空调发明人凯利

二十多年过去了，1900年，有一个24岁的纽约人名叫凯利（又译名卡里尔），刚从美国康奈尔大学毕业，去到一家制造供暖系统的公司任职。1901年夏季，纽约地区的天气异常湿热，纽约市的威廉斯印刷出版公司，由于天气湿热生产大受影响，印出来的东西模模糊糊，客户拒收。寻找原因后得知，印刷机因为空气的温度及湿度有较大变化，使纸张伸缩不定，油墨老是不干，印墨对位不准，所以无法生产出清晰的彩色印刷品。因此，印刷出版公司要寻求一种能够调节空气温度、湿度的设备。与此同时，附近的一家纺织印染厂，也因棉纱干湿不一，经常"断线"，印出的图案也不理想。

怎样解决这两家工厂存在的共同问题？凯利接受了老板交给的这个任务。他跑去向他的大学老师请教。老师告诉凯利过去刺杀总统的那个事件，还有那位叫西多的人用压缩机降温的故事。但可惜没有什么资料保留下来。不过，可以再去调查了解一下。

凯利通过一些访问得知的情况，结合自己的工作实践，他琢磨着：充满蒸汽的管道可以使周围的空气变暖，那么将蒸汽换成冷水，使空气吹过水冷盘管，周围不就凉爽了；而潮湿空气中的水分冷凝成水珠，让水珠滴落，最后剩下的就是更冷、更干燥的空气了。基于这一设想，凯利和他的同事决定从改进压缩机的结构和加入某种化学药剂方面着手，减小制冷机的体积，提高降温效果。通过一年多的努力拼搏，终于在1902年7月17日给威廉斯印刷出版公司安装好了这台自己设计的设备——命名为"空气调节装置"，俗称"冷气机"，取得了较好的效果。世界上第一台空气调节系统（后来简称"空调"）由此产生。鉴于凯利在工作中的表现和取得的成绩，公司决定晋升他为工程师。

1915年，凯利与6个朋友集资32万美元，成立了制造空调设备的公司——凯利公司。1922年该公司研制成功了具有里程碑地位的产品——离心式空调机，从此空调效率人人提高，调节空间空前增大。

让人匪夷所思的是，最初发明冷气机的目的并不是为人们带来舒适的生活环境，而是为解决工厂中出现的生产问题。在此后20年的时间里，冷气机的服务对象一直是机器，而不是人。值得特书一笔的是，空调时代就是由印刷厂、纺织厂首次使用冷气机开始，很快地传入其他的行业，如化工业、制药业、食品业甚至军火工业等。由于空调机的引进而使产品质量大大提高。故人们把凯利称为"制冷之父"或"空调之父"。

以人为本

凯利并不满足冷气机仅仅为工厂服务。他经常想，如果把冷气机推向市场，为大众服务，为家庭服务，岂不更好。机会终于来了！1924 年，据报纸报道，底特律市的赫德逊大百货公司，因天气闷热而有顾客在买东西时突然晕倒。凯利公司立即联系他们，并表示将以优惠的价格安装"空气调节系统"。这一举措大获成功。大百货公司凉快、清洁的环境，使顾客盈门，营业额大增。至此，空调成为商家吸引顾客的有力"冷武器"。接着，1925 年凯利公司又为纽约一些电影院安装了"空气调节系统"，使空调变得和电影时尚影片一样吸引人。炎热的夏天也像秋季一般凉爽，迎来了美国人全年都争相去电影院的热潮，清凉彻底征服了观众。

1928 年，美国国会安装了空调，让议员们喜笑颜开；1929 年，白宫也安装了空调，使政府的工作流程安然有序地进行，不再受酷暑的干扰；1936 年，空调被安装到飞机上，旅客感到无比的愉悦；1939 年，在美国开始出现了空调汽车，从此以后，空调进入了迅猛发展的新时期；1962 年，第一套冷暖空调应用于太空领域。

1950 年 10 月，凯利因心脏病突发去世，享年 74 岁。他奠定了空调设计技术的基本理论，开拓了科学设计空调器的新阶段。美国将凯利公司 1922 年制造的第一台离心式空调机陈列于华盛顿国立博物馆内供后人参观，以纪念空调这一改变人类生活的伟大发明。

12　看不见的加热方式——微波炉

◇ ··················

今天，微波炉已成为我们日常生活的一部分。妈妈瞧见放学回来的孩子，一脸饿相，便会说：饿了吧，等一等，我用微波炉给你热吃的。好家伙！什么鱼、肉，什么米饭，什么馒头，放进去，过几分钟——热腾腾地拿出来，可以大吃一顿哩。微波炉是谁发明的？微波炉的发明既有偶然性，也有必然性。你想不想听？

意外"事件"

1946 年，美国雷声公司的一位工程师斯潘塞正在专心致志地做雷达实验。一位同事从旁走过来，看见他穿的雪白衬衣的上口袋渗出一种类似暗红色的"斑迹"。同事大吃一惊，以为雷达辐射出来的微波发生了什么问题。赶紧把斯潘塞拉到一边，忐忑不安地问道："怎么啦，你觉得不舒服吗？你的胸口疼不疼？"斯潘塞一头雾水地回答说："有什么事吗？我很好，谢谢。"同事又说："瞧，你的上衣口袋出血了！"斯潘塞用手摸了一下，不禁笑了起来，他说："唔，今天早餐我顺手放了一块巧克力糖块到上衣口袋里，谁知做实验太忙，忘了吃它。哈，差点把你吓坏了，是不是？"简直是虚惊一场。

斯潘塞换了一件干净的衬衣，继续工作。但是他脑子里一直思考着这个问题："为什么巧克力糖块会溶化？是什么东西产生出来的热量在作怪？"几天以后，斯潘塞终于想通：很可能是在做雷达实验时发出的微波在作怪，要抓住它，说不定它能派上用场哩。

这件事引起了他的极大兴趣，他想：这种加热方式与传统的加热方式完全不同。当我们在锅里煮一块生肉的时候，热量是从外面慢慢地传递进去的。外边的肉已经煮熟了，里面的肉还没有太热。为了把整块肉煮熟，就要延长加热时间，从而浪费一些热量。如果利用雷达辐射出来的微波来加热食物，每一部分都会同时热起来，不需要热量传递进去，那么肯定会节省时间。于是，斯潘塞便开始着手制作微波烤肉的灶具。

加热道理

微波能加热食物，它的原理是什么呢？微波是一种波长很短的电磁波。由于这种电磁波的频率高，即电子振动很快，有很大的穿透力。就好比一个人使劲地往前跑，呼吸加快，冲力也会比较大一样。微波本身不产生热量，但是它可以激活别的分子。食物内的很多分子被电子激活而"疯狂"地跳动起来，彼此互相拉扯碰撞，从而产生大量的摩擦热，依靠这些热量，食物很快就会升温、熟化（食物被加热熟了）。我们才有可能在一两分钟内吃到热东西。

在微波炉里安装的一个"磁控管"，可以将电能转变成微波。这些只对富含水分的食物起加热作用，而装食物的玻璃或瓷盘却不会被加热。当你从微波炉中拿取盘子的时候，一点也不用担心会烫到手。

注意事项

1947 年，斯潘塞试制成功了一台"烤肉灶"（现在改称为微波炉）。不过，它的结构太简单了，而且要反复地试探肉块熟不熟，实用性较差，但他还是第一个申请了专利。1952 年，雷声公司与另一家美国公司泰潘（Tappan）公司合作，对微波炉的结构进行了重大改进，向市场推出了比较实用的第一台微波炉，工作电压是 220 伏，适合家庭使用。1963 年，美国通用电气公司以巨大的投资，批量生产了微波炉。于是，微波炉便走向世界。

在使用微波炉时，大人要告诉孩子们一些注意事项及安全问题。哪些容器（具体化）可以放进微波炉内使用；哪些则不可以（金属容器千万别用，金属盆放在灶箱里会发生电弧损坏炉灶的。普通塑料不耐高温也不行）。你可以用玻璃的或者陶瓷的器皿。注意，微波炉不能煮蛋！微波会使蛋壳内部先热，那样蛋壳就会炸裂的。还有，微波对人体过量照射会产生危害，出现头痛、周身乏力，严重的造成眼睛玻璃体混浊（白内障）等症状。所以一定要学会正确使用微波炉。

13 减轻家务负担——洗衣机

◇ ·····················

你知道古代人是怎么洗衣服的吗？据《礼记·内则》中的记载，那时候中国人是采取"冠带垢，和灰漱；衣裳垢，和灰清"的方法。这里所说的"灰"，就是锅灰或草木灰（含有碱性化合物）。简单地说，就是把脏衣物放在碱水里泡一段时间即可。后来又有了搓洗板、毛刷等洗衣工具，全靠人力来操作。而欧洲人在 18 世纪以前，在家中没有自来水的情况下，洗衣服对妇女来说是一件复杂的事，迫使妇女到河里或者是公共洗衣池去洗衣服。由于在相当长的时期里，没有肥皂（此前，它还没有被发明），或者肥皂是一种十分昂贵的东西（此后，买不起），人们只能依靠用手搓、脚踏、加上棒槌打来洗衣服，劳动量相当大。如果在河边洗衣服，到了冬天，河水冰冷刺骨，衣服洗完，手冻得像胡萝卜似的，洗衣无疑成了一件十分痛苦的差事。主妇们望着那些成堆的几乎要天天去洗的脏衣服发愁。

长年累月的辛苦，使她们梦想能够有一天出现减轻或者取代这项艰苦劳动的工具或设备。这就促使有人想方设法地去设计一种机器，把衣服上的污垢洗掉，还其一个干净、清爽的原貌。这就是发明洗衣机的推动力。在现代社会中，人们很难想象如果没有洗衣机，我们的生活将会怎样。

简单的洗衣盆

18世纪末叶，为了能够把大量的洗衣任务完成，有人设计了一种"洗衣盆"。其实，它就是由洗衣池改变而成的一个敞开式、长方形的大盆子。所不同之处是盆子里边装有几块挡板，两端分别装有蒸汽管（进口）和排水管（出口）。当把用肥皂水泡过的脏衣服放入其中之后，从一端打开蒸汽管进气，使衣服在热水中浸泡一阵子，随后用木棒杵击。这样反复处理两三次，便算完成清洗了。

显而易见，这种粗放的洗衣方法并不能称为真正的发明，它也没有明显地提高洗涤质量，因此大家并不看好。不久，这种方法便慢慢地消失了。人们依旧沿用老办法——手洗、刷搓、棒打的方式去洗衣服。

旋转的洗衣桶

19世纪的某一天，美国机械工程师史密斯约了几位朋友去密西西比河上游览。河中水色秀美，轮船一路顺风。当他从船头走向船尾的时候，无意之间发现有几件脏衣服用绳索拴在尾部，随着波涛翻滚，衣服来回转动。史密斯诧异地向船工问道："这是干什么的？"

原来是船工用这个巧妙的方法把脏衣服洗干净了。史密斯回家以后，好几天安静不下来。船尾拖衣服的画面，不时地浮现在脑海里。他回想起自己少年时在乡下看见老祖母搓洗衣服的劳累情景，觉得船工的这个洗衣服方式对自己大有启发，衣服脏了要洗干净，一定要让衣服动起来。于是，史密斯利用自己的专长，开始画图样，找材料，请友人帮忙加工……一天从早到晚，忙得不亦乐乎。

1885年，由史密斯发明的第一台机械式洗衣桶诞生了。这台洗衣桶是用手来进行操作的，故又称它为手动洗衣机。它是一个带手柄、不漏水、封闭式、鼓肚形的大木桶，内装有6块叶片，并连带相关齿轮以及手动曲轴等装置。当把脏衣服和肥皂水等倒进去之后，一旦摇动手柄，叶片旋转，桶内的水与脏衣服发生连续不断的

摩擦（这跟船尾拖脏衣服发生搅动作用的道理是一模一样的），从
而达到洗涤衣服的目的。

第一台手动洗衣机

有了这个机械式的洗衣机，减轻了过去用人力洗衣服的劳动强
度，不过，也随之带来了两个缺点：一个是摇手柄依然费力，"解
放了妇女，压迫了男人"，洗衣机的操作"主角"改为男人，而妇
女成为"助手"。另一个是叶片可能会损坏衣服，有时衣服还会缠
紧而影响叶片正常旋转。可见一项新生的发明，往往并不十全十
美，总有一些不大不小的瑕疵。因此，工厂不乐意接受批量生产，
致使机械式的洗衣机不久就夭折，未能获得推广。

电动洗衣机

20 世纪初叶，电能的大面积应用与普及，犹如催生的助产士，
使电动式洗衣机问世了。它是 1910 年由美国人费希尔发明的，从
此拉开了洗衣机大发展、大普及的帷幕。电动式洗衣机与机械式洗
衣机的不同之处是：前者以电力代替人力，能够满足社会日益增长

的需要：减轻劳动，节省时间，生活舒适。

第一台电动洗衣机

电动式洗衣机的普及，只有在电力供应网覆盖到千家万户之后，才能有条件。直到今天，各式各样的家用电动洗衣机，在外形上、功能上虽然有了较多的改变。可是，其设计原理与过去的机械洗衣机大体上相同。仍旧是以正反向高速旋转的水流与脏衣服产生摩擦、脏衣服之间也产生摩擦，加上洗涤剂与脏衣服上的污垢发生作用，从而使清洗后的衣服干净了。电动洗衣机的基本结构——电机传动、缸桶大小、调控系统等改变不多。只是把以前的大叶片改为波盘，以减轻水力过猛、撕扯衣服的弊端。还有就是增加了甩干湿衣的功能，使电动

波盘

洗衣机做到了大众化、普及化，真正成为一件实用的家用电器。

从创造第一台手动洗衣机开始，直到电动洗衣机的发明和应用，使我们深刻地认识到：虽说"第一"发明是值得称赞的，但是"第二"发明可能更杰出。俗话说得好：后来居上。史密斯很有能耐，费希尔更有本事。不过，后人的发明无一不是在前人研究的基础上完成的。因此，只有好好地学习已有的科学知识，汲取丰富的科学营养，才能超越前人，取得更大的成功。

14　谁是清扫冠军——吸尘器

◇ ···················

在我们的印象里，普通家庭中搞卫生，不论是室内还是户外，多数是用笤帚、抹布、刷子、（鸡毛）掸子等工具。而在国外经济比较发达的国家里，通常在室内用真空吸尘器（简称吸尘器），在户外用吸尘车，清扫工具要先进一些。为什么说使用吸尘器要比手工打扫先进？吸尘器是什么时候、由谁发明的？还是那句老话：其中的故事多着哩，你想听吗？请看下边的回放镜头。

不成功的现场表演

1901 年的一天，英国的工程师布鲁斯来到伦敦的火车站，那里正在进行一场新式清扫器表演。随着火车进站的汽笛声响之后，小乐队的乐手们起劲地吹着小喇叭，吹得腮帮子鼓鼓的。几个大汉整齐地站在一个硕大的脚踏风箱两侧，风箱出口处是一条如消防水管样的软管蜿蜒地伸向远处……

广场上，里三层外三层围了许多看热闹的人。布鲁斯站在台上大声宣告："女士们、先生们，今天我们向大家隆重推出世界上最棒的新式清扫器，它将结束您弯腰扫地的历史，清洁将永远伴随着您。"话音刚落，一辆又旧又脏的敞篷卡车开进来，停在中央，一个大汉将软管的一头抬上货车车厢。大家定睛一看，车厢里积满了尘土。"瞧，确实太脏了。"众人议论纷纷。片刻后，布鲁斯一挥手，说道：表演开始！奏乐！乐手们开始吹喇叭。

几个壮汉一起拼力用脚踏着风箱，风声"呼呼"作响，瘪瘪的软管像被吹足了气一样，由连接着脚踏风箱的根部开始一点点迅速胀起来。观众的眼睛一眨不眨地跟着看。风从软管里吹了出来，吹进了车厢里。车厢里的灰尘一下子被吹了出来，吹向了观众。就像刮起了一阵龙卷风。观众们赶紧捂着脸、闭上眼。"呼呼"的风声终于停止了，围观的人们一个个灰头土脸。布鲁斯却骄傲地叫道："女士们、先生们，大家都来看看车厢吧。"人们"呼"地围了上来。车厢果然干净，几乎要放出光来。哇，干净、干净，车厢里连一点灰尘都没有了！"成功啦、成功啦！"布鲁斯又说。那几个负责踏风箱的壮汉，累得早就呼哧喘气了，他们抹着土脸，小声地咕噜道："什么成功了，成功了?!"

杀鸡不宜使用牛刀

回想布鲁斯发明新式清扫器的过程，真可以用"千辛万苦、一言难尽"八个字来形容。当初，还没有布鲁斯的发明，每年过圣诞节之前的大扫除是让家庭主妇们最头疼的一件事。因为大多数的英国家庭都使用壁炉取暖，总有炉灰把地毯、家具、墙壁和窗帘弄脏，打扫卫生的工作量实在太大了。弄不好，既不能除去灰尘，还让灰尘"搬家"，到头来只会将灰尘弄得满屋都是。所以布鲁斯就想，手工清扫是把灰尘赶走，用"吹"或"推"的办法。我不妨"反其道而行之"，用"吸"或"拉"的办法试一试！

这个想法是他在生活中遇到的一件小事触发的。有一次，布鲁斯在伦敦的一家餐馆里用餐，看到后面的椅背上满是灰尘，他就用自己的嘴凑上吹了一口，结果引起了邻座客人的非议：这种举动太没有绅士气派了。布鲁斯后来说，要是我用嘴倒吸一口的话，灰尘不会乱飞，效果肯定不一样了。

布鲁斯回到家里，左思右想，总觉得吸的办法要比吹的办法好。至少不会弄得周围乌烟瘴气。他趴在地板上用一块手帕挡住嘴巴，使劲地吸气，一口两口，停下再吸，这样做了许多次。布鲁斯发现地板上的灰尘有一部分粘到手帕上去了。怎么办？如果用棉布来做隔挡材料，能否把空气与灰尘分开？

于是乎，布鲁斯集中精力研究起过滤灰尘的材料来。他把不同质地的织物分类后一个一个做试验，以便最后选出合适的。新式清扫器造出来之后，发现那是一架很大的机器，一个庞然大物。它有一个气泵、一个装灰尘的铁罐和过滤装置，都安装在一辆推车上，由两三个人共同操作。他们推着它在街上行走，一个人负责用气泵抽气，另一个人则拿着长管子挨家挨户地去吸尘。这么干太累人，后来改为清扫时要用马匹拉到街上，长长的软管像蟒蛇似的。每次开动机器会发出很大的响声，有时会让拉车的马匹受惊。结果，警察不得不跑过来下令停止作业，声言有碍交通。布鲁斯设计的这一台清扫器体积太大，和现在家庭日常用的吸尘器有很大的不同，一般的家庭是无法在室内安放这么一个庞然大物的。

小型机器更受欢迎

一年又一年过去了。1906 年，小型电机问世了，吸尘器的重量也减轻了不少。小型电机为真空吸尘器开辟了广阔的道路。从原理上讲，真空吸尘器与新式清扫器基本相同。但是在机体结构上的差别很大，真空吸尘器里有一个小电机，小电机带动叶轮旋转，排出大量空气，在器内形成真空，与外界大气就有了负压差。在负压差的作用下，由软

现代家用吸尘器

管的"吸头"吸入含有灰尘、碎屑的空气，经过布袋网过滤，尘土存留下来，清洁空气排出去。负压差越大，吸尘能力也就越强。这是美国俄亥俄州的一位工业家胡佛改进后推出的，胡佛的小型吸尘

器一经问世，就受到大众的热烈欢迎，他的吸尘器公司也蒸蒸日上，成为有名的大公司。胡佛吸尘器从那时直到今天，一直是美国家庭必备的物品。

真空吸尘器的发明，帮助了千万个家庭搞好卫生。利用不同形状的"吸头"，可以清除地毯、地板、窗户、家具上的尘土，还能把西服、外套、沙发、汽车座椅等上面的灰尘吸掉。更有意思的是，若将吸尘器的排气口与吸尘口互换位置，那么吸尘器就成了吹风机，可以快速地用来吹干小件衣物等。它还能干什么？不妨想一想，好吗？

微型吸尘器

五　玩之乐

玩，没有负担的游戏

Faming Chuanqi

01   "洋娃娃"的老祖宗——木偶

◇ ·············

木偶，你知道是什么吗？查一下字典，原来这是指古代用木头或石头雕刻制成的人形物。而现代是指小孩子们喜欢看的木偶剧中的"人物"。这个木偶是什么时候、又是谁最早想出来的？它有什么意义呢？

奴隶社会的产物

在很多年以前，我国进入了奴隶社会。那时，奴隶主不把奴隶当人看待。除了长年累月地要他们拼命干活外，奴隶主死了还要让一批男女奴隶跟着一起陪葬，也就是说一起去死。连年的战争导致青壮年早亡，加上疾病流行，人口锐减。奴隶主觉得把活人埋在地下划不来，就改用陶俑。

陶俑是用泥巴烧制而成的，就像西安出土的"秦始皇兵马俑"那样。陶俑做得跟真人一般高大。不过，后来人们发现陶俑烧起来很费劲。奴隶主又让奴隶们（具体是什么人就搞不清楚了）雕刻木俑作为替身（这可能是木偶的源起）。木俑可大可小，做起来比较容易，并且还省钱。所以人们就把以木头雕刻而成的人形雕像泛称为木偶，它是人类艺术肇始的标志，又是宗教舞蹈中的必备"法器"，也是"玩具"的最早祖先。

在中国，木偶最早可能出现在新石器时代的中晚期，后来又以石雕、陶塑和泥塑为代表。考古专家们认为："木石并用"是原始时代的特点，在过去的考古发现中，虽然没有发现过木偶，但这只是由于木质（木头）易腐烂、难保存的缘故，并不能否定木偶在原始时代已经存在。因此，可以这么说，木偶的发明至少可以追溯到公元前16世纪到前11世纪的商代，它是奴隶主殉葬习俗的产物。

"木偶退兵"的妙计

传说在公元前206年，正是"秦亡汉初"之际，汉高祖刘邦的军队正在与匈奴首领冒顿的军队作战。那时的平城（今山西省大同市）是边塞地区，常遭匈奴进攻。此刻的城池周围被敌军围得水泄不通。刘邦和他的部下陈平正商议着战事。

刘邦问：陈平，援军到了没有？陈平：陛下，援军还没有来。刘邦：这可怎么办？如果不能突围的话，城池可能就会被匈奴拿下来了。陈平：陛下不要担心，解围的办法一定会有的。他的话音刚落，城楼下面传来了"咚咚咚"的战鼓声。

城楼下面，一员匈奴女将骑在高头大马上朝城上喊话。女将：刘邦快快出来受死！刘邦：她是谁啊？陈平：她是冒顿的妻子阏氏。刘邦：听说她……

原来阏氏有一个怪癖，她很不愿意冒顿与别的女子接近，否则会醋意大发。她的忌妒心特强，是个有名的"醋罐子"。陈平两眼发亮，突然拍着手说：太好了，我想出破敌之计了！当晚城内灯火通明，人们连夜赶制木偶。陈平跟着忙乎，四处指导，让赶制和真人不相上下的木俑，并给它们披上假发，穿上花衣裳。

次日，晨曦初露，许多士兵扛着木偶走上了城头。战鼓声和马嘶声再次响起。冒顿和他的妻子亲自领兵来到城下叫阵。因为有雾气，加上距离较远，城楼上的木偶看起来就像真人。冒顿和他的士兵们看见城楼上有许多美女跳舞，全都傻眼了。

冒顿自言自语地说道：天哪！有这么多花枝招展的美女。

阏氏见冒顿看得两眼发直，气得破口大骂。阏氏：看什么看？听我命令，往城楼上放箭，马上退兵。于是，匈奴人一边朝城楼上放箭，一边开始如潮水般退去。

这就是传说的"木偶退兵"的民间故事。不知是真的还是杜撰的。我还没有查到根据，仅供参考吧。

木偶原是老祖宗

自汉代起，汉高祖刘邦就下令民间大力发展木俑的生产（会与上边的传说有关吗）。木俑和木偶原先意思并不相同。汉朝以前的木俑是一个整体；而木偶是由单个的头、身、手、足几部分拼成的。起初，木偶只是官宦富贵人家供小孩玩耍的东西。后来，民间出现了木偶戏，各地制作的木偶大小、姿态也各种各样。

到了元朝时，意大利的旅行家马可·波罗到中国来，周游各地，看到了木偶，心中一惊，非常之喜爱。据说，他回国前买了一些小木偶，带到了欧洲，并宣扬这是"中国的小娃娃"。欧洲人觉得不错，结合本身条件，在做木偶的材料、造型上都做了一些改变，比如说利用了棉布、丝绸，到后来选用了塑料，就做成了"西式的洋娃娃"，在市场上叫卖。在德国的慕尼黑市中心广场的钟楼上每到整点时分，就有旋转的"小木偶"出来敲钟，清脆的当当之声，由近及远，余音缭绕。这座"木偶钟楼"是50多年以前，德皇威廉五世公爵为举办婚礼而修建的。它分为两层，上层是参加婚礼仪式的"人士"，下层是能旋转的"工匠"，共有大小木偶43个，栩栩如生，十分好玩。据说这些小木偶都是按中国传来的方法仿制的。

由此可知，从制作原理和思路上说，木偶和洋娃娃是一脉相承的。咱们中国的木偶还是洋娃娃的老祖宗呢。至于木偶戏，那是中华文化艺术门类中表演戏剧的另一种形式，与我们介绍的木偶玩具无关，恕不再啰唆了。

02   纸上的"楚汉相争"——象棋

◇ ·················

象棋有很多种，比如中国象棋、国际象棋（在欧美流行）、印度象棋、朝鲜象棋等。这里所说的象棋是指中国象棋。为什么叫（中国）象棋？有两个说法：一是因为最早的中国象棋棋子是使用象牙做成的，故而以材料得名；二是由于象征楚汉军事战斗的一种游戏，因此而取名。既然是这样，以"玩"为上吧。

中国象棋起源于何时？有三四个说法，如"战国说""汉代说""南北朝说""宋代说"等。可惜唐代以前的象棋棋制和有关著述都已失传，现在只好把流行较多的一种说法介绍如下。

四面楚歌

距今 2300 年以前，楚霸王项羽和汉高祖刘邦各自领兵起义，共同推翻了秦朝的封建统治。不久，项羽和刘邦的军队又打了起来，这就是历史上有名的楚汉战争。

有一次，刘邦的军队包围了项羽的营地，采取了"围而不打"的战术。更令人奇怪的是，从汉军那边时不时地传过来他们都在唱"楚歌"的声音。而在项羽军队的帐篷里，只见士兵们全都个个情绪低落、人人低头蔫脑的。原来项羽和项羽的军队大部分都是楚国人，刘邦的军队利用唱楚歌的办法，让长期在外征战的楚军想家、厌战、开小差，起到瓦解军心的作用。这就是成语"四面楚歌"的由来。

虽然楚国军队的心情很差，但是刘邦的军队也满腹牢骚。这个说："咱们围困楚军都三个多月了，还不进攻，真是闷死人了！"那个说："是啊，韩信将军让我们天天唱楚歌，让楚军想家。可是时间久了，连我们这些唱歌的汉军也开始想家了。"第三个说："唉，打又不打，退又不退，整天没事干，再这样下去我可要垮了。"原来汉军也是因为想家，变得无精打采。

帐篷策划

汉军的大将韩信走进帐篷里，坐下来，陷入了沉思。在他的面前，摆着一副围棋。韩信暗自思忖：怎样才能既围而不打，又能鼓舞士气呢？能不能在下棋上做点文章？于是，韩信在素帛上画了一个有许多方格的棋盘，并在中间画了两条界线，上边写下四个字：楚河汉界。界线的两边是假想的军营，一边是红方，一边是黑方。韩信对一旁的参谋、卫士说：我要设计的这种棋叫"假想棋"。随后，韩信又用毛笔在石子上写上了：将、士、象、马、卒等几个字。

参谋问：这种棋要不要订下一些游戏规则？韩信答：当然啦！卒子权力小，所以每次只能走一步，并且不能回头。马是四条腿，所以走"日"。象的体积比马大，所以走"田"。按照传统，将军只在九宫之内指挥，所以，"将"只能在宫中活动。而"士"是用来保卫"将"的，也只能在宫中行走。所有的兵种都要千方百计地保卫将军，一旦将军被抓，又无法解救时，这盘棋就算输了，可以重新开局，再来一次。你们听懂了吗？旁边的参谋和部下拍手称道：有意思了！将军，快把下"假想棋"的办法告诉士兵们吧！

这样一来，表明"假想棋"有两个作用：一个是使士兵们可以打发许多空闲时间；另一个是也可以让士兵们想着作战，振奋精神。韩信发明的"假想棋"便成功了。后来又经过许多人的改进，逐渐演变为"想棋""象棋"。到了唐宋年间，随着火药的发明，才加上了"炮"这个棋子，使象棋的内容更为丰富了。

象棋评说

综上所述，象棋的发明人就是汉朝的韩信。不过，这只是说法之一，有待考证。

通过韩信发明象棋，所说的两个作用已经十分明显，这仅是后人的一种分析结果。若从文物出土的角度看，中国象棋成型于北宋，定型于南宋。此后各朝各代的变化并不大。到了清代，出现了既美观又经济的瓷棋子，呈圆柱形，稍扁，分别着红绿两色。中国象棋是中国社会发展的实践经验总结，使其传统性和封闭性更加突出，不了解中国的封建文化，就不能完全了解中国象棋。所以，下象棋与中国传统文化有紧密的关系。

下象棋

　　在中国有两大棋类，即象棋与围棋。它们历来走的道路极为不同，围棋走的是上层道路，为统治阶级和士大夫所喜爱，围棋国手受国家礼遇，有些国手甚至有官职。象棋则走的是下层道路，多为中下层人士所喜爱，贩夫走卒，农夫商人，随便什么人都能下几手，其流传范围则比围棋广泛得多。

　　现在，象棋已经作为国家体育运动项目之一，既有竞技度，又有观赏性。它是一种高尚的社会活动，也是培养人们体育道德和意志品质，增强群众身心健康，开发智力的有效途径。同时，对于弘扬民族文化、促进精神文明建设与发展，都具有积极的现实意义。

03　　脚边飞"蝴蝶"——踢毽子

◇ ·····················

踢毽子

　　踢毽子，俗名"打鸡"，它是中国民间小孩子玩耍的活动形式之一，也是一项简便易行的健身活动。在古都北京，把踢毽子叫成"翔翎"，意思是飞起来的羽毛。有人把它形容为脚下飞蝴蝶，多美哟。这种"玩的把戏"出自民间，搞不清楚是哪个人发明的——中国人呗，应该是"社会的共同财富"。

历史源起

　　根据出土文物和史料记载证明，踢毽子起源于古代中国，至今已有两千多年的历史。20 世纪 80 年代，我国考古工作者在汉砖上发现了踢毽子的画面，这可能是较早的活动。踢毽子盛行于南北朝和隋唐，唐代有一本书《佛陀禅师传》中说："沙门慧光年方十二，在天街井栏上反踢蹀，一连五百，众人喧竞，异而观之。佛陀因见怪曰：'此小儿世戏有工。'"可见在隋唐时期，踢毽子已是社会上较为普遍的一项游戏或体育活动了。

　　宋代著名学者高承所写的《事物纪原》中载："今时小儿以铅锡为钱，装以鸡羽，呼为毽子，三五成群走踢……"从这句话可知宋代的踢毽子活动得到了进一步的发展。同时，又有《武林旧亭》一书载："临安城小经纪的手工业中，有毽子、象棋、弹弓等作坊。每一事率数十人，各专藉以为衣食之地。"可见当时买卖毽子的人不少，同时也可以想见踢毽子的活动很普遍。明代刘侗《帝京景物略》记载了一首北京描述儿童季节性活动的民谣：

　　　　杨柳儿活，抽陀螺；
　　　　杨柳儿青，放空钟；
　　　　杨柳儿死，踢毽子。

　　说明在杨柳树落尽叶子的时候，气温最适宜于踢毽子活动。清代达到鼎盛时期，在毽子的制作工艺和踢法技巧上，都达到空前的水平。

　　清代李声振在《百戏竹枝词》中描写妇女踢毽子的乐趣："缚雉毛钱眼上，数人更翻踢之，名曰'撺花'，幼女之戏也。踢时则脱裙裳以为便。青泉万选雉朝飞，闲蹴鸳靴趁短衣；忘却玉弓相笑倦，撺花日夕未曾归。"

　　清初词人陈维崧咏妇女踢毽子："盈盈态，讶妙逾蹴鞠，巧甚弹棋。"以赞美女子踢毽，说女子踢毽比踢足球还巧妙，比下棋还有趣味。皇宫中的宫女们也极好踢毽子，清光绪帝的瑾妃就是一个踢毽子的能手。由此可推知，踢毽子上至宫廷、下至民间，开展得十分广泛。

毽子制作

在古代，毽子一般用禽类羽毛和金属钱币做成。而现在，毽子制作的种类繁多，除沿用古代的办法以外，一般来说有四种。一是，用橡胶制作毽座，含毽底和毛筒一次成型，在毛筒上套金属片和塑料片，在毛筒中插上鹅毛即成；二是，用金属片为底，以纸剪成各种花色缨的手工制作的纸毽；三是，以各种色布条为缨，以大纽扣为底做的手工布毽；四是，以塑料做成的各色装饰性毽子。

自己做毽子的方法也很简单。只需用一小块布，包上一枚铜钱和一小截下端剪成十字形开口的鹅毛管子，用针线缝牢，成为底座；再在未剪开的鹅毛管子上端里，插上七八根鸡毛就做成了。

鸡毛毽子

鸡毛最好是用雄鸡的，又长又好看，也好踢些。在日常的踢毽活动中所使用的毽子，按照外观尺寸来区分，可以大致分为大毽、中毽、花毽和毽球毽。大毽是供一般初学者和平时娱乐所用。中毽使用范围最广，既可用于娱乐，也可用于比赛。花毽的装饰性最强，使用的羽毛品种繁多，包括鹅毛、鸡毛、鸵鸟毛等等。毽球毽飞行速度最快，其羽毛短小、高度很低，一般使用鹅毛制作，只在毽球比赛中使用。挑选和制作毽子时，通常以踢起的毽子能垂直升降，并在空中能顺利翻转一周为好。

踢毽好处

踢毽子是不受年龄、场地、季节限制的游戏或体育活动，也是一项日常闲暇时就可以进行的保健活动。踢毽子对场地要求不高，只需一小块比较平坦的空地，3~6平方米即可。在室内、室外均可进行。主要根据参加人数和水平而定。

踢毽子活动，它是以腰和下肢为主的全身运动，有抬腿、弹跳、曲身、转体等动作，是锻炼身体行之有效的运动项目。踢毽子能不停地活动足、腿关节，不停地扭动腰、臀部位，不停地挥动两手臂，如此手舞足蹈，使全身各部位的关节肌肉、器官得到适度的锻炼，可以防止关节僵硬、肌肉萎缩、脂肪积蓄以及呼吸功能衰退，从而起到强身健体、延年益寿的作用。而且运动量可大可小，老少皆宜，尤其有助于培养人的灵敏性和协调性，有助于增强体质。

踢毽子已经列入小学课程之一，很有可能和跳绳一样成为体育必考内容及入学考试的内容。所以请各位家长不要忽视孩子们的这项运动。

04 郑和的主意——麻将牌

◇ ⋯⋯⋯⋯⋯

麻将牌，简称麻将，又名"麻雀"或雀牌，老百姓戏称"码长城"。它是中国人发明的一种休闲、娱乐"小玩意儿"。在中国，几乎是人人皆知。可是，麻将到底是谁发明的？众说纷纭。其中有一个说法是，它与郑和下西洋有关。不仅在国内流传广，甚至韩国、日本、越南也是这么说。其根据是：当年郑和奉旨率船队出使西洋，一连几十日乃至几百日的海上生活，使得船上的人们百无聊赖、苦闷烦躁。为了安排好船员的业余时光，郑和等人根据当时的情况和需要，想出了一种供消磨时光的新竹牌——麻将。

可是，在《明史·郑和传》以及有关的史料中，却没有发现郑和发明麻将牌的记载。因此有可能这是后人的附会，抑或是因某种不可知的原因而遗漏了。现在，我对郑和其人，还有他发明麻将牌的故事，简单地介绍一下。我以为麻将的发明权应该是归属于以郑和为首的团队。理由下边再讲，同时还要引申说明，当一个玩具"蜕变"为赌博工具之后，那将会对社会产生多大的危害。所以，听完了这个故事，我们一定要引以为戒，洁身自好，不入歧途。

郑和受命"出洋"

在我国现存的《明史》（共有341卷）中，关于郑和（1371—

1433）的生平只有七百多字。《郑和传》的开篇是这样写的："郑和，云南人，世所谓三保太监者也。"下边的文字由我来诠释。其实，郑和原名马三保，回族，明朝伟大的航海家。洪武十三年（1380）冬，明军进攻云南。马三保年纪小，只有十来岁，被掳入明营，阉割成太监。后来，送进永乐皇帝朱棣的燕王府。在"靖难之变"中，因为马三保是在河北郑州（今河北省任丘北，非河南省郑州市）名为"郑村坝"的地方，为燕王朱棣立下战功的，永乐二年（1404）明成祖朱棣认为马姓不能登三宝殿，所以在南京御书一个"郑"字，赐给马三保姓郑，改名为

郑和

和，还委任为内官监太监，官至四品（相当于今天副部长级），地位仅次于司礼监。1405 年至 1433 年间，郑和七次下西洋，完成了人类历史上伟大的壮举。宣德六年（1431）钦封郑和为"三宝太监"。

郑和的性格温良恭俭让，为人心细如发。他长期在皇帝身边干事，深知权力越大，责任越重，对大事小事都不敢掉以轻心。郑和明白：下西洋是皇帝登基后实施的一项重大战略决策，重任在肩，不允许有任何疏忽大意。因此，他对船上的人员、设备、供应，甚至休息等诸多事项，时刻关注、关心、关怀，生怕出纰漏。郑和自知"肚内无点墨"，从未出过海，对航海一无所知，因此必须组成一个坚强有力的团队，才有可能完成使命。于是，他便奏请圣上从各处调集一些既有航海实际经验，又有组织领导能力、富有威望的人员，如王景弘、侯显、王贵通、洪保、杨敏、李恺、杨庆、李兴、朱良、周满、杨真、张达、吴忠、朱真、王衡等人，分管船队，各司其职，统一号令。

请你想想，郑和率领的船队拥有 208 艘大船，全体成员共计 27800 余人，这是一支庞大的队伍。除了文职官员外，还有武官将领、士兵，以及医官、火长（船老大）、水手、船工、厨师、采办、译员等。这一大帮子人，每天的吃喝拉撒都是大问题。更严重的是，上万人的士气、情绪又随着天气变化、航行路况、海盗出没而波动。如果不安排好，无事可做的将兵免不了寻衅滋事。

打开"游戏"之门

有一天，风和日丽，郑和领着一班陪同人员在甲板上散步。金色阳光洒满辽阔的海面，船队一艘接一艘、井然有序地缓缓前行。郑和信步走向船头，只见有几个船工有的就地而卧，有的伸着懒腰，有的躲在一旁喝小酒……便轻轻地走过去。众人一见是钦差大臣、船队总指挥来了，慌忙跪倒在地连连叩头。郑和含笑道："免礼了，请起来。"说罢，就在一张船工送来的椅子上坐下，与他们闲聊起来。

郑和和蔼地问起他们的姓名、年龄，家在何处，在海上生活有多久。船工们一一回答。当郑和问"你们眼下有什么困难，有什么需要"的时候，大家一致认为：一天又一天，空闲的时候多，太无聊了……

郑和回到主舱后，左思右想，认为这是一个亟待解决的问题：怎样去打发船上人员的空闲时间？不要光让他们去睡觉、喝酒、打架，而要让他们"和谐"地共同玩耍。于是便召集他的团队，讨论怎么才能打开一个游戏之门，想办法让大家"玩"起来。有人提议，可以让他们多多下棋。话音一落，立刻遭到反对，尽玩这些老的，不吸引人了，能不能搞点新玩意？

郑和说：玩也要结合实际比较好，唐代有骰子，宋代有骨牌，我们是否设计一套竹牌。大家想想：我们出海的船只以风为动力，最重要的事情之一是辨别风向……话未说完，有人便接茬道：在竹牌中以东、南、西、北四风（牌）为首就好了。接下来的意见，更多更妙了。有人说："有风撑帆出航后，抛锚要用绳索，那么可以列入'条子'（绳索）（一至九条）嘛。"再听听："海上出行淡水不可少，装水的器具是竹筒，把'筒子'（一至九筒）摆上。"一时间，主舱内热闹起来，大家七嘴八舌地议论纷纷。

郑和说：大家的意见都蛮好，还要想得全面些。船上的人出海，很辛苦，发饷的钱数要高，不论是银子还是铜钱，都以万计（显得量大）。于是，在众人的欢呼声中再列入"万"字牌（一至九万）。以"条""筒""万"计，每种牌四张，合计108张，再加上四风，总共有124张竹牌。

这种娱乐工具既制作简单，又好学易懂，还能容纳多人同时参与。他们就地取材，利用船上现有的毛竹做成竹牌，刻上文字图案，再制定游戏规则，排列组合，变化多端，妙趣无穷。打牌时在吃饭的方桌上能供四个人同时娱乐。郑和及他的团队所发明的这种新式竹牌娱乐工具，船上的人一学就会，很快就在将士中推广开来。许多人的郁闷情绪和思乡烦恼也就随着麻将声消失了。

至于后来加入的"中、发、白""春、夏、秋、冬"等花牌，是以后其他人加进去的。"红中"表示太阳、天晴，"白板"表示白昼，"发财"不言自明。而"春桃""秋菊""夏荷""冬梅"四朵花，分别代表一年四季。总之，竹牌绝大多数的意思都跟航海知识密切相关。

打麻将的坏处

麻将发明之初，是因为考虑下西洋时长年在海上航行，许多将士因海上生活单调枯燥和思乡之苦，精神萎靡不振，甚至积郁成疾。郑和及他的团队创造发明了这种新的娱乐工具，是为给将士们解除烦闷之苦。

谁知麻将由海上船队流传到陆地之后，打法也不断翻新花样，逐渐成了中国人家喻户晓、喜闻乐见的娱乐玩具之一。但令人意外的是，麻将后来变成了一种赌博工具，危害无穷。打麻将有哪些坏处呢？有人举例说：第一，影响健康。白天工作的人，常常利用晚上与节假日打麻将，这就牺牲了休息和学习的时间，引起身体累乏和智力下降。长时间打麻将，长久坐着不动，不活动又紧张，易患多种疾病。第二，影响工作。白天工作晚上挑灯夜战麻将的人，次日必然精神不振，效率下降，容易造成事故。如计算出错，操作失误，驾车翻车等。第三，影响生活。打麻将半夜回家，全家不得安宁，引起家内不和。经济矛盾加大，孩子的学习也受影响。第四，影响思想。经常打麻将的人，千方百计弱肉强食，以强欺弱，以众暴寡，巧取豪夺。第五，输赢皆负。打麻将是以争胜赢钱为目的，赢了钱乱花一气；输了钱，去骗、去偷、去抢，干坏事，以致进牢狱。总之，打麻将的坏处多多，上麻将桌随便玩玩可以，如果要赌钱，最好不打。

05 不是为了赌博——扑克

◇ ·················

    扑克是英文"poker"的译音，是纸玩具中最普遍的一种纸牌。注意！它不是用别的材料而是用纸做成的（听说也有用塑料或金箔做的，那毕竟很少）。这种纸牌也许是人类文明史中最简单而又最复杂的游戏，它融合了东西方文化，集合了人类的聪明才智，形成了今天这样的拥有最多玩家的国际纸牌。不同国家、不同民族的人一眼就能识别、参与这种游戏。可以说是一种世界性的娱乐语言。

    长久以来，关于扑克牌是什么时候出现的，是谁发明的，有很多的争议。主要有三种说法：

    一是"印度起源说"。在印度教的寺庙里，壁画上的女神有四只手，每只手中分别持有魔杖、杯子、宝剑和圆环（代表玩具、金钱）。这与欧洲早期的纸牌中印有的图案接近。因此，纸牌说不定是欧洲学印度的结果。

    二是"欧洲起源说"。意大利人说，1299年我们创造了世界上第一副扑克牌。西班牙人提出，1371年在马德里已经有纸牌了。比利时人说，早在1379年时，扑克牌就在比利时出现了。法国人认为在1392年时法国人发明了扑克牌。到底是哪个国家？谁也弄不明白。

    三是"中国起源说"。任何发明除了思维、智力外，必须有物质基础。扑克是一种用纸做的物品——或者说是纸玩具。在没有纸或者产纸少的年代，它是不可能产生的。因此，纸牌起源于中国之说，才是合乎逻辑的。

好啦，现在再具体来讨论扑克的发明问题。

纸牌起源于中国

玩具的诞生是人类社会发展到一定阶段的历史产物。当人们的生活中出现了空闲时间，需要休息和娱乐的时候，就要求满足玩的欲望。玩具有多种，玩法更多样。远的不说了，纸玩具中最普遍玩的是纸牌。据考证，纸牌起源于中国的"叶子戏"，又叫"叶子格"，简称"叶子"。发明叶子戏的是唐代的著名天文学家和高僧（人称"一行和尚"），他本名张遂（683—727）。因为纸牌与树叶差不多大，所以被称为"叶子戏"。"叶子戏"使用的一副纸牌里有 4 个花色，每个花色有 14 张牌，既用来进行牌戏，又当作"钱码子"使用，广为流传。

起初把不同的树叶代表不同月份和二十四节气，如夏至、冬至、春分、秋分。因树叶不方便，故后用纸块。且这种纸块呈长条形，便于拿成扇形。上边可写字或画图。再后来便进行刻印。因为在我国宋代时，民间就流行一种"叶子戏"的纸牌——或叫"叶子牌"。它有两个手指大小宽，长 8 厘米、宽 2.5 厘米，用丝绸及纸裱成，图案是用木刻版印成的。这种纸牌可能是在宋、元时期，由商人或传教士带到国外，西方受此启发，才改制成现在流行的扑克牌。

中国纸牌何时传入欧洲？也有多种说法。其中有一个比较可信的是，大约在 1279 年，威尼斯商人名叫尼可罗·波罗，以及他的弟弟马迪奥·波罗，还可能有尼可罗的儿子——即我们最熟悉的著名旅行家马可·波罗。他们三个人由中国回到了威尼斯，把作为一种游戏玩具的中国纸牌向欧洲人做了介绍，让大家围坐在一起，兴高采烈地玩，吸引了一批又一批玩家。这便是欧洲游戏卡片（cards）即扑克的由来。

扑克包含的意思

中国纸牌由马可·波罗带到欧洲后，欧洲各国按自己的风俗习惯做了改进，比如将"叶子戏"的长形改变为方形，纸面的图案和颜色也重新设计。扑克有 54 张牌，可以有一些不同的解释。主要考虑有两点：

一方面，扑克牌的设计与天文历法和星相占卜有着十分巧合的联系。比如，大王（鬼）代表太阳，小王（鬼）代表月亮，其余的 52 张代表一年中的 52 个星期，红桃、方块、梅花、黑桃四种花色分别象征着春、夏、秋、冬，每种花色有 13 张牌，每个季节有 13 个星期，如果把 J、Q、K 当作 11、12、13 点，大王、小王各为半点，那么一副牌总共 365 点，正好是全年的天数。而闰年把大王、小王各看作 1 点，总共是 366 点。

另一方面，扑克牌上的人物又反映了当初欧洲的文化背景和民族精神。以法式扑克牌中的 J、Q、K 三个字母为例，它们是英皇的侍从、皇后、国王的缩写。这 12 张人头牌，分别代表历史上某个真实人物或传说人物。

黑桃 J 是查尔斯一世沙勒曼的侍从霍吉尔，红桃 J 是查尔斯七世的侍从拉海尔，方块 J 是查尔斯一世沙勒曼的侍从洛当，梅花 J 是阿瑟王故事中的著名骑士兰斯洛特 - 加龙。

黑桃 Q 是古希腊神话中的智慧和战争女神帕拉斯·阿西纳，是四张牌中唯一手持武器的皇后，红桃 Q 名叫朱迪斯，是查尔斯一世沙勒曼的妻子，方块 Q 叫雷切尔皇后，是《圣经·旧约》中约瑟夫的妹妹，梅花 Q 叫阿金尼，她手持一束蔷薇花，代表英国是以红、白两色蔷薇花为标志的王族。

黑桃 K 是公元前 10 世纪的以色列国王索罗蒙的父亲戴维，他善用竖琴演奏，红桃 K 是查尔斯一世沙勒曼，是四张国王牌中唯一不留胡须的国王，方块 K 是罗马帝国的国王西泽，是四张国王牌中唯一的侧面像，梅花 K 是最早征服世界的马其顿帝国国王亚历山大，他的衣服上总是佩带有十字架和珠宝。

A 是代表各种花色的第一张牌，这张牌中只印有代表该花色的一个符号。包括桥牌在内的大多数牌戏中，A 是级别最高的一张牌，它在各个花色中也是最大的牌。扑克牌分四种花色，分别是黑桃、红桃、方块、梅花。四种花色有不同称呼。法国人称长矛、心脏、方形、丁香叶，德国人称树叶、红心、铃铛、橡树果，意大利人称为宝剑、酒杯、硬币、棍棒。瑞士人称为盾牌、花朵、铃铛和橡树果，等等。他们是各唱各的调。

是游戏不要赌博

马可·波罗把"叶子戏"从中国带回到威尼斯后，是把它作为一种游戏玩具介绍给欧洲人，让大家兴高采烈地围坐在一起玩的。可是，不知何时何地何人因何把扑克变成了赌博工具。

本来对制作扑克的纸并没有很高的要求，只需强度好一点的白卡纸就可以了。后来，为了防止玩家耍滑头、掐暗记、做手脚，对扑克牌的要求越来越严格，需要生产专用的特种纸张。于是，便有了扑克牌纸（板）的诞生。为了追求高质量，使用漂白针叶木化学浆，改进打浆工艺，同时要改加施胶剂（如采用 AKD 等），还要对成纸进行超级压光处理。故这种纸板的质量指标比一般白纸板高很多，以便在游戏时扑克牌面上难以做上作伪的印记。

世界上有多少人因为扑克赌博而走火入魔，多少家庭因为扑克赌博而妻离子散……我们不禁大呼一声：玩扑克是游戏不要赌博！

06　桌上的"流星"——乒乓球

◇ ⋯⋯⋯⋯⋯

乒乓球，英文的原称是"桌上网球"（table tennis ball），故日本译名叫"桌球"。"乒乓"二字是我国国人领会其击球发出的声音而创造的，取名乒乓球（ping-pong ball）。

那么，世界上第一个乒乓球是什么样子的？又是谁最先玩这种球的呢？原本是一种玩具的乒乓球，后来又怎么变成竞技体育了？

印第安人的游戏

在南美洲的墨西哥，生长有许多橡胶树。割破树皮，树干会流出乳白色的胶液，当地的印第安人称它为"胶树的眼泪"。等到这种胶液被风吹干、凝固之后，便成了一个个有弹性的小圆球。他们把这种实心的橡胶球当成玩具抛来抛去，玩得非常开心。

15 世纪，探险家哥伦布来到了这里，对这种游戏感到很新奇。于是，就把这种橡胶球带回欧洲，献给了西班牙国王。不过，这种球稍微受热会变软、黏手，很不卫生。于是，有人就做了小木板，握在手里来拍打，这样就免去了洗手的麻烦。不久以后，为了避免室外的风吹雨淋，有人将这种游戏转移到了室内，受到更多人的青睐。

从橡胶变到象牙

游戏传入英国之后，英国的贵族不仅将游戏搬到了桌子上，并且在桌子的中央竖起一张网，由两边的对手把橡胶球推来推去。也就是从那时候开始，有人把它称为"桌上网球"或简称"台球"（这与现在的台球不是一回事）。可是，这种球的弹力不够，有时还会粘到桌上。为了解决这个问题，便在橡胶球的外边用丝线缠绕包紧，以加大球的弹性。带有丝线的橡胶球有两个缺点，一个是球面不光滑，手感不好；另一个是不耐久，丝线容易断裂。

不久，有人便改用象牙材料来做成这种台球。据说，一根象牙只能制五六个球，仅仅制作小球一项，英国每年就需要上万根象牙，而且制造好的象牙球还要经过严格挑选，每个重量必须相同。这样一来，小球的价格就非常昂贵。所以这种玩法只能是有钱人的娱乐活动，通常老百姓是玩不起的。

"赛璐珞"登台亮相

1865 年，这种小球运动传到美国，马上引起了美国人的兴趣。可是，昂贵的制作成本限制了这项运动的发展。美国人开始寻求更廉价的材料来取代象牙。

1868 年，一位叫海厄特（Hyatt，1837—1920）的美国人受一家公司的聘用，开始研究象牙的代用材料。他想，从橡胶树上取到橡胶太少、质量不理想，象牙又太昂贵、资源有限。能不能用便宜的东西来代替呢？海厄特想到了棉花，他把棉花经过碱处理，然后进行硝化反应，生成了低氮的硝酸纤维素。再把硝酸纤维素溶解在酒精里，加上樟脑，搅拌均匀，在一定的条件下把它注入球型模具里，经干燥后便成了一个个的小球。这种新材料一开始叫"假象牙"，后来被命名叫 celluloid，译成中文（按音译）称为"赛璐珞"。

"赛璐珞"的特性是：很轻，弹性好，可塑性强，既坚硬又不脆。但是，它怕高温、怕明火、怕挤压。它的易燃性高（燃点

180℃左右），在80℃时会软化变形，根据这一特性，如果乒乓球被压扁了，放在80℃的热水里泡几分钟，它就能恢复原形。

现在，只要把这种用碱处理后的棉花，与硝酸、樟脑等作用生成的"赛璐珞"料片放在模具里压成两个半圆形球坯，再用胶把球坯合拢、粘住，最后通过圆形热压机之后，乒乓球就做成了。

乒乓球进入中国

小球是什么时候传入中国，又被称为乒乓球的呢？有两种说法。

一种是在瑞士洛桑的国际乒联博物馆里，一张毫不起眼、颜色泛黄的明信片，竟是乒乓球进入中国最早年份的证据。那是1901年，一位在天津的外国人寄往比利时的明信片，他在上面写道，这里的人们开始玩一种叫"乒乓"的运动。换言之，也就是大约从那个时候开始（20世纪初），桌上网球（改称乒乓球）已经进入中国了。

另一种说法是清光绪三十年（1904），桌上网球从日本传入中国后，由于打球时发出"乒乒""乓乓"的声音，于是人们把它称为乒乓球。当时，乒乓球均从国外进口，玩的人还不多。到了1928年，上海生产了"天马牌"乒乓球，才实现国产化。当时的乒乓球不仅有白色，还有彩色的，球内放有少量硬质碎粒，摇起来有沙沙声，也作为儿童玩具出售。

所以在20世纪30年代以前，在中国人的心目中乒乓球只是一种玩具。1947年奥林匹克运动会正式把它列入比赛项目，自那以后，玩乒乓球变成了竞技体育。世人对乒乓球的看法发生了巨大的变化，这是后话了。

07　道德和意志的比拼——足球

◇ ⋯⋯⋯⋯⋯

　　先提一个问题：什么是体育？它的英文是 Physical education，指的是以身体活动为手段实施的教育。如果照原文直译，就是身体的教育，简称为体育。还有一个说法，就是以发展体力、增强体质为主要任务的教育，也可以简称为体育。但是，专家告诉我们：中文"体育"一词却不是译自于英文，是直接借用日语中"体育"两个汉字。在我国，"体育"一词最早出现于 1904 年，是由留学日本的中国学生引入的。体育的基本功能有三个，即娱乐、健身、教育。说到底，体育就是从"玩"开始的，而科学性强、技巧性高的"玩"，便发展成为体育运动了。

　　体育包含的内容、门类非常广，球类就是其中之一。而球类当中又以足球为首，足球运动是以脚支配球为主的体育项目，它的核心是争夺"控球权"。在争夺过程中展开激烈惊险而又引人入胜的场面，赢得了最广泛的球迷和观众，故被推崇为"世界第一运动"。可是，足球是什么时候、什么人发明的？是什么原因把这个"用脚踢的球"提到如此崇高的地位？

古代的足球运动

　　在 2004 年 2 月 5 日，国际足联代表在百年庆典会上宣布：足球起源于中国。因为研究国际足球的历史学家有确切证据表明，中国古代的"蹴鞠"，就是足球的开始。有意思的是，原始形式的中国足球，经波斯（今伊朗）、埃及、意大利后辗转传播才到英国，从而获得了进一步发展。我们将利用这一仪式向中国足球表示我们的敬意。同年 7 月 15 日，国际足联主席布拉特再次发表声明：足球起源于中国。中国是足球的故乡，山东淄博是世界足球的发源地，对足球的发展有很大的贡献。足球不仅是中国的骄傲，也是全世界的骄傲，更是所有喜欢足球、喜欢世界杯的广大观众的骄傲。

根据何在？翻翻中国历代的文献典籍，如《战国策》《史记》《汉书》《西京杂记》《初学记》《文献通考》《盐铁论》《蹴鞠新书》《刘向别录》等等，上面都有关于蹴鞠的记载。那么，何谓蹴鞠？"蹴"当"踢"（又称"蹋"）字讲。"鞠"即古代足球，这个"鞠"就是现代足球的雏形。"蹴鞠"一词，还有多个别名，如蹋鞠、蹴圆、蹴球、筑球等，它的意思就是踢球："鞠以皮为之，实以毛，蹴鞠而戏也。"

蹴鞠

大约距今三千年前，在我国战国时期就出现了"蹴鞠"二字。"六国拜相"的苏秦，游说齐宣王时称赞临淄（古地名，今山东省淄博市境内）说道："临淄甚富而实，其民无不吹竽、鼓瑟、踢鞠者。"这句话告诉我们，那里的群众早就玩足球了。但是，却未介绍蹴鞠是何人发明，诸不可考。

秦始皇统一中国后，蹴鞠运动一度沉寂。西汉建立后，又复兴盛。汉朝把蹴鞠视为"治国习武"之道，不仅在军队中广泛展开，而且在宫廷贵族中普遍流行。两晋南北朝时，蹴鞠之习，依旧流行未衰。唐宋时，蹴鞠仍是一项很普遍的运动。唐朝的"教坊司"和皇宫内园都聘任有蹴鞠人员。每逢寒食节等假日即行表演。据称，唐太宗李世民和唐玄宗李隆基两个皇帝都是球迷。小说《水浒传》中所描写的高俅，就是因为踢球的水平高超而成为皇帝宋徽宗的宠臣。宋代时，把"鞠"改用猪膀胱做内胆，跨进了一大步。故有"古用毛纤结之，今用皮，以胞为里嘘气闭而蹴之"的说法。元明清代以降，从客观的社会条件来说，少数民族入主中原，实行弱民政策，"重文轻武"，禁止人民进行练武和健身活动。戏曲小说的兴起，社会娱乐范围的扩大，相对地减弱了踢球娱乐的兴趣。于是，蹴鞠运动的社会性愈走愈窄，日渐趋向衰败，到了清朝中叶，蹴鞠便在华夏大地消失了。

近代的足球比赛

16世纪，阿拉伯人从非洲经意大利辗转来到英国，刮起一阵玩足球比赛的旋风。那时候，这种比赛完全是为了玩，没有任何目标和目的。每逢遇到重大的节假日，邀集一堆人，分为两队比赛，每队有数十人，自愿结合，多数是男女学生。两队的球门相距3英里，球门是利用两根木棒，中间用纸条糊上的。当时，无任何规定。一只球既可以扔，又可以踢，还可以乱抢一气。因此，两队队员从开球之初，就紧紧地围绕着球，互相挤撞、争夺、扭打，从地上追到水里，又从高坡赶到树林，嘻嘻哈哈，从早晨一直玩到傍晚。最后在裁判的哨声中，双方往往以0:0的比分结束。那个时候大家并不介意输赢，不计较胜负，主要是为了好玩，重在参与嘛。刚开始的时候，大家觉得挺新鲜，参与的人还不少。几次之后，连愿意玩的人也没有什么兴趣了。这阵风不久就停息了。

19世纪初，足球运动又重新兴起。它的发展分为两个阶段：从1800年到1863年是摸索时期，即摸索进行比赛时需要什么规定，才具备公平性。比如人员不能随便自由组合，要有守门员、攻球手等。1863年10月26日，英国首先成立了足球协会，它的成立标志着现代足球的诞生。足球协会还出面宣布了一系列足球的游戏规则：第一，是必须以脚踢球，如果手一触球即定为犯规。第二，必须限定人数，除了守门员外，每队五人。第三，必须在划定的球场范围之内踢球。1891年，又正式规定足球门的高度为2.44米、宽度为7.32米，还在门上挂网，以明确足球入网的标识。同时，对足球的直径大小、内胆、外皮质量都提出了相应的要求。

在足球比赛中，从球员的形体、动作和气质，能够充分反映其修养、智慧、道德、意志力等多种心理品质的程度。培养一个成熟的球员，非常不易。而一个球队（包括主教练）的整体表现，却能体现出他们的素质和水平。

1904年5月21日，国际足球联合会（简称国际足联）在法国巴黎正式成立。英国足球协会立即加入。国际足联是目前世界上最大的国际单项体育组织，是世界足球运动的最高权力机构，现有会员178个，总部设在瑞士苏黎世。从此，国际足联世界杯迅速成为当代世界最伟大的单项体育运动。

08 有毛的怪球——羽毛球

◇·················

　　说起体育运动中的球类，"球"在人们的印象中应该是圆形的。然而，有一种既不圆，又插有羽毛的球，这是什么球呢？它的原名怪怪的，叫作"巴德米通"，好像与球没有关系。

　　"巴德米通"（Badminton）原是一个地名，英语的音译。这是因为这种球（游戏）早先起源于此，因地得名。所以便这样称呼，进而流传开来。后来，这个名词翻译成汉语，就成"羽毛球"了。羽毛球还有几个绰号，如"不落的蒲公英""飞来的白鸽"，等等。"巴德米通"何以会演变成为"羽毛球"呢？

公爵的回忆

　　19世纪中叶，英国伦敦西部有一个小城镇叫巴德米通，镇上有一位名叫包菲特的公爵，这个地方为公爵个人所有。1873年的一天，公爵邀请一些亲友在自己的庄园里举行露天游园会。大家正在园里兴致勃勃地交谈，不巧天公不作美，竟下起了大雨。

　　公爵怕客人们扫兴，便提议在室内玩一种拍打"怪球"的游戏。因为游戏规则特别简单：双方只要想办法把球打到对方那里去，或者接住对方的球，谁接不着，或者打不过网，谁就输了一个回合。客人们很快就熟悉了，玩得很高兴，并产生了很大的兴趣。这种球便是包菲特发明的"怪球"——即现代羽毛球的前身。由于这种游戏是在巴德米通这个地点诞生的，因此人们便把它简称为"巴德米通"。

当客人问起这种"怪球"是怎么一回事时，包菲特公爵讲起他在印度任职时期遇到的奇事。

菩提树

他说：你们都了解吧，印度人多数是信仰佛教的。在印度各地的丛林寺庙中，普遍栽植菩提树，印度人俗称它"巴布勒树"。菩提树的梵语叫"阿帕摩洛"，这是因佛教的创始人释迦牟尼在菩提树下悟道而得名的。"菩提"的本意为"觉悟"。佛教徒一直都把菩提树看成圣树。这种古树枝繁叶茂，开的花可以作为药材入药，果实酸脆而微涩，有祛疾除病、养生保健的功效。特别是，大小果子从 8 月份成熟，却能在树上挂果保鲜到次年 2 月份，长达半年之久。更有趣的是，它的枝条可以拿来当牙刷使，不用牙膏也能洁齿。

每当秋天来临，正是收获的季节，当地的印度人就喜欢玩一种名叫"浦那"（Poona）的游戏。它的玩法是，把菩提树的小果子拿下来，用刀在中间挖一个小浅洞，插上几根羽毛当作"球"，然后两人相对而立，手执木板来回击打。我看了觉得挺有趣，但是玩起来又觉得有不少缺点，如小果子不容易找到，手执的木板太硬，"浦那"飞起来不稳定，四处乱飞，无法控制好等，需要改进以便使它玩起来没有负担，更爽快。

由于印度当时是英国的殖民地，因此包菲特让手下仆人从印度捎回了玩"浦那"游戏的全部部件（羽毛、软木和小球），很方便地带回了伦敦。公爵接着说：我对"浦那"游戏做了一些改变，比如把小球上插的羽毛围成圆弧形，而他们过去是把羽毛乱插在一起；同时模仿网球拍子式样，用牛筋编织成新式的拍子，增加拍面的弹性。这样一改就好多了，你们刚才玩耍的就是由"浦那"游戏改来的怪球。这就是玩羽毛球了。

人家都未玩

正因为在包菲特公爵庄园里，有了第一次"巴德米通"游戏的实际表演，使这项游戏富有的趣味性充分展示，所以便很快地流行起来。刚刚开始时，由于打羽毛球的耗材比一般球类多一些，来回三五次，就要换新球，因此，只有经济收入高、家庭富有的人才可能玩得起。于是，那时有一些欧洲国家，常把打羽毛球作为上流社会一项显示身份地位的活动，真有点像今天"白领"先生才去打高尔夫球一样。

不过，随着羽毛球的生产实现了全面的工业化，成本大大降低，打羽毛球所需器材不多、场所不大、费用不贵，所以，许多人都会在家中常备一两副拍子和羽毛球。有空闲时间，找一块平地，两人就可以玩起来。在打羽毛球之前，最好先找一两本有关羽毛球运动的小册子，学习一点基本知识——如握拍（掌握正确的握拍方法）、挥拍、姿势、击球、步法等。如有羽毛球老师或教练指导一下，那当然更好。总之，要科学地、安全地去玩。在玩的过程中，把身体锻炼得棒棒的。你觉得这样好不好？

羽毛球

09   世界性的球类运动——篮球

◇ ....

　　篮球，是球类运动的一种，"三大球"中的一员。球用皮制，内装橡皮胆。分为男子篮球、女子篮球和特种（残疾人）篮球。球场长28米，宽15米。比赛分两队，每队5人。国际比赛时间分4节，每节10分钟（国内联赛12分钟），以全场得分多者胜。得分相等，增加一次5分钟的决胜期。如得分仍相等，再打一次，直到决出胜负为止。

　　篮球的起源比较晚，它是120多年前才发明的。开始的时候，是出于好玩，并没有去想有什么崇高的目的。现代篮球运动已经发展成为一项灵活巧妙的技术和变化多端的战术相结合的竞赛活动。从事篮球运动能促使人体的力量、速度、耐久力、灵活性等素质全面发展，并能提高内脏器官、感觉器官和神经中枢的功能。它对培养勇敢、机智、集体主义和组织纪律性等品质都有很大益处。

　　那么，篮球运动是怎么发明出来的呢？

发明的动机

　　1891年冬天的一个早晨，美国马萨诸塞州基督教青年会训练学校的体育教师奈斯密斯走进操场，看着湿漉漉的土地，他不禁暗叹：难道真的不能把室外的体育课程搬到室内进行吗？经过一番考虑，奈斯密斯向校长写了一份报告，希望划拨出一间较大的课室，供学生们去上体育课。然而，眼下的房子根本没法踢足球或打棍球。于是，奈斯密斯就想起以前读过的一本书，上边介绍南美洲的土著人把树枝编成篮子挂起来向里边投石子的游戏。他又想：如果把石子改为足球，把脚踢改为手投，一方面会有趣，另一方面也解决了场地太小的困难，第三还打开了室内玩球的新方式。一举三得，何乐不为？

玩篮球

　　奈斯密斯依照上述设想，画出了一张简图，在课室两端墙壁上距离地面 3 米处打入铁钉，分别挂了装桃子的篮筐。运动时用手拍打足球，然后在接近篮筐时，把足球扔进筐去。投球入篮得 1 分，按得分多少决定胜负。奈斯密斯想得很简单，当把足球好不容易投进了篮筐，还得找人爬梯子把足球取出来。此时所有玩球的人要暂停活动，在旁边等待。后来，有人提意见，不如把篮筐改为篮网，再把网下口切开，球进篮网会落下，这样便免去了取球的麻烦。

　　其后，又有人感到足球有点小，拿在手里抓不住，还是与足球分家，把皮球的圆周改大一些更好。但进球后仍要用专门拴在网上的绳子将球抖落下来。这比用竹竿捅球似乎又进了一大步。从发明篮球之初直到 1913 年使球从篮网穿行落下，竟花去了 22 个春秋。

比赛的规则

　　最初的篮球比赛，对上场人数、场地大小、比赛时间均无严格限制。只要求双方参加比赛的人数必须相等。比赛开始，双方队员分别站在两端线外，裁判员鸣哨并将球掷向球场中间，双方跑向场内抢球，开始比赛。持球者可以抱着球跑向篮下投篮，首先达到预定分数者为胜。

　　1892 年，奈斯密斯制定了 13 条比赛规则，主要规定是不准抱球跑、不准有粗野动作、不准用拳头击球，否则即判犯规，连续 3

次犯规判负 1 分；比赛时间规定为上、下半时，各 15 分钟；对场地大小也作了规定。上场比赛人数逐步缩减为每队 10 人、9 人、7 人，1893 年规定为每队上场 5 人。开始有后卫、守卫、中锋、前锋、留守等位置之分。此外，奈斯密斯不断修改竞赛规则，规定不允许带球跑、抱人、推人、绊人、打人等。这就大大提高了篮球游戏的趣味性，并且吸引了更多的人来参加这一游戏，从而使篮球运动很快普及到了全美国。1894 年，球场上开始出现把篮筐固定在木板上，用木板代替铁丝网。这种篮板虽然形状各异，五花八门，但因为它有时能将投不进的球反弹入筐，增添了游戏的不确定性，所以很受队员们的欢迎。在此基础上，1895 年由青年会国际学校率先推出一种统一规格的篮板，被广泛采用。

　　1892 年，篮球运动首先从美国传入墨西哥，并很快在墨西哥各地得到开展。这样，墨西哥成为除美国外，第一个开展篮球运动的国家。此后，这项运动先后传入法国、英国、巴西、捷克斯洛伐克、澳大利亚、黎巴嫩等国家，在世界范围内得到了开展、普及和发展。

世界性运动

　　奈斯密斯全身心地对篮球运动进行研究，可还没有注意到他所发明的球类叫什么名称。有一次，刚上完体育课的学生来问奈斯密斯，这是什么运动呀？奈斯密斯竟一时语塞。这位学生建议说："叫奈斯密斯球如何？"奈斯密斯连连摇头，没有同意。后来，有一位老师说："那就叫篮筐球（Basket Ball）吧，怎么样？"奈斯密斯立刻表示赞成。不过，这个运动一直到 1921 年才正式有"篮球"这个专业名称。

篮球运动

　　1904 年，在第 3 届奥林匹克运动会上第一次进行了篮球表演赛。1908 年，美国制定了全国统一的篮球规则，并用多种文字出版，发行于全世界。这样，篮球运动逐渐传遍美洲、欧洲和亚洲，成为世界性运动项目。随着篮球运动的发展，对运动员的身体、技术、战术以及意志、作风等各方面，都不断提出新的更高的要求，促进了篮球技术水平的迅速提高。

　　篮球运动是在 1896 年前后，由天津中华基督教青年会传入中国的，随后在北京、上海的基督教青年会里也有了此项活动。20 世纪中期以后，新中国的篮球运动全面地开展起来了。

10　　无人乐队大家唱——卡拉 OK

◇ ··················

你知道吗？"卡拉 OK"来源于日本。用日文的"片假名"（相当于字母）来写是"カラオケ"，前两个字"カラ"是汉字"空"的日语发音，"没有"或"无人"之意；后两个字"オケ"是日语"オーケストラ"的略称，即英语"orchestra"（管弦乐队，外来语）。这两个词合起来，全句的直译是"无人乐队"。而"卡拉 OK"确切的译名应该是"歌曲录音带伴奏自唱"。不过这个名称太长了，很难记住，反而不及"卡拉 OK"流行。

是谁发明卡拉 OK

卡拉 OK 是谁最先发明的呢？说来话长。

20 世纪 60 年代，有一个日本人叫井上大佑，1940 年 5 月出生于大阪市，兄弟三人中排行老大。井上大佑学习平平，但为人老实巴交。平时喜好音乐，尤其喜欢打架子鼓，但他的乐感总不那么理想，节奏比别人"慢半拍"，更要命的是他连乐谱都看不懂。

1956 年 4 月，井上大佑进入一个工业学校读书。他对工业没有一点兴趣，却喜欢打小鼓。某天，市里有一个俱乐部的乐队招募鼓手，他便想法子钻进去担任了一名小鼓手。井上大佑看不懂乐谱，他死记硬背了几十首华尔兹、探戈、伦巴的曲子，才勉强开始了鼓手的生活。他充其量只能当一名替补鼓手，分配他兼管乐队里的一些杂务，比如使用录音设备、制作录音带、安装扩音器，等等。不久，井上大佑与朋友们组织小乐队，在一些小酒馆里进行巡回表演，赚点零花钱。"混一天算一天吧"，他从来没有想过有大的发展计划。

井上大佑

有一次，一个酒馆老板约请井上大佑到他那里去伴奏，可是由于乐队早有演出安排，难以成行。井上大佑只好灌制一盘由他伴奏带有"慢半拍"风格的录音带，送给老板请他边听边唱，自娱自乐。结果老板听后的感觉极好，他听了十分兴奋。

20 世纪 70 年代初期，日本正处在国民经济大发展、大起飞的前夜。那时候，人们拼命地干活，紧张一整天之后下了班先不回家，爱去小酒馆，喝点酒，唱唱歌，神经放松一下。小酒馆的本钱较少、利润不多，没有钱邀请乐队伴奏助兴。井上大佑知道了这一情况后，他想：既然老板跟着录音带引吭高歌，可以解闷儿，一般客人不是也可以试一试吗？于是井上大佑便制作了几盒录音带，又安装了一套扩音器准备进行试验。他们在一起边放录音带、边饮酒、边倾听。凭借着喝了点酒的冲动，井上大佑一时即兴走过去拿起了"麦克风"，放声高唱起来。于是酒馆的整个空间充满了和声，引起其他客人的共鸣，大家纷纷离座，也跟着录音带大唱，气氛极其热烈，人人心花怒放。

就这样开始，一连许多天，小酒馆的生意兴隆。不久，消息传开，许多酒馆、饭店也模仿开业，吸引顾客饮酒、唱歌。当人们问起他这是什么"玩意儿"的时候，井上大佑说，因为没有乐队，自己随便唱一唱，就叫它"卡拉 OK"吧。于是，卡拉 OK 在日

当年的卡拉 OK 机

本各地流行开来。

无人乐队伴奏唱歌

1996 年，日本东京的一家电视台举办卡拉 OK 的比赛，当观众提出谁是"卡拉 OK 之父"的问题时，没有人能够拿出证据来回答。于是，在众多媒体的寻访、追踪报道下，终于在大阪市找到了卡拉 OK 的发明者，此时的井上大佑已经是 56 岁的老头了。当记者问起他有何感想时，井上大佑说：我仍然爱好打架子鼓。我不是个发明家，我只是把现成的东西拼凑起来，再变成不同用途的东西而已。制作卡拉 OK 机的录像机、麦克风、磁带、音箱都是市场上现成的。就是这么一回事，没有什么了不起！

可惜的是，井上大佑当时没有想到去申请专利，致使这项新发明很快地被他人无偿攫取。这一疏忽的后果是，完全葬送了自己的财运和前程。但井上大佑说，虽然我失去了一些金钱，却得到了人们的赞誉，这让我很快乐。1999 年，井上被美国《时代》杂志评为"20 世纪亚洲最具影响力的二十人"之一，与那些伟人相比，他只是一个小公司的经理。据报道，2004 年，因为发明了卡拉 OK "给人们带来欢乐与思考的研究"，井上大佑被授予"搞笑诺贝尔奖"（Ignobel），这个奖是专门为奖励那些充满幽默、又能提高人们科学兴趣的研究而设立的。日本《朝日新闻》特意为井上大佑获得"搞笑诺贝尔奖"发表社论，称赞他的贡献。

当被问及是否为当年没有为卡拉 OK 机申请专利的做法而感到后悔时，他咧开嘴笑了："我不是商人。如果我一开始打算申请专利，因为一些事没有成功，最终没有得到这 1.5 亿美元，可能会后悔。但是一开始我就没有想到要申请专利，等到我想要申请专利的时候，这个产品已经非常普及了。这个时候再厚着脸皮去申请专利，就没有任何意义了。即使是可以申请专利，我也不会去申请，如果我申请了专利，卡拉 OK 就不可能像现在这样普遍，在这么短的时间里能在全世界推广开来。"井上大佑的事迹被搬上银幕，这部日本电影的名字就叫《卡拉 OK》。

2008 年 5 月 30 日下午，井上大佑作为特邀贵宾出现在北京中国国际展览中心，出席了中国国际专业音响·灯光·乐器及技术展览会。看着自己当年创出来的卡拉 OK 事业在中国发展得如此庞大时，井上大佑禁不住感慨万千。他说，中国的卡拉 OK 比日本发展得还要好，起码在技术产品方面是这样。"卡拉 OK 之父"所说的这句话足以让我们对井上大佑产生好奇与敬意。当年，正是这个腼腆老头儿一个不在意的发明，才有了今天一个庞大的产业的发展。

主要参考书目

[1]《细说中国文化五千年的由来》，王厚、赵文明编著，北京：北京科学技术出版社，2007

[2]《知识竞赛 3000 问》，谢启林主编，北京：知识产权出版社，2002

[3]《世界科技五千年》，王立科主编，太原：希望出版社，2000

[4]《中外科学发明故事》，刘仁庆、王洪主编，石家庄：河北少年儿童出版社，1996

[5]《中国：发明与发现的国度》，［美］罗伯特·坦关尔著，陈养正等译，南昌：21 世纪出版社，1995

[6]《世界万物之由来》，抒鸣、锐铧编，哈尔滨：哈尔滨出版社，1993

[7]《珍闻趣事由来》（上下册），汪澎、李本刚、刘凤辰编，北京：中国城市出版社，1991

[8]《发明的故事》（上下册），德博诺编，北京：生活·读书·新知三联书店，1986